韓国旅行で宝物さがし！

メルカリ！
韓国限定商品
転売の手引き

山口裕一郎 著

笑がお書房

はじめに

この本を手にしていただいたということは、もしかして韓国旅行のついでにサクッと稼ぐことに興味があるってこと？
「はい、正解です！」
というあなたは、とってもいいセンスをお持ちの人だ。韓国のことを何も知らなくても全く問題ない。「もう儲かったようなモンだ！」という太鼓判を押しちゃう！

あなたは、成功する確率が高いトップ20％の仲間入りをしたようなものだ。
「80：20」の法則をご存知かと思うが、念の為、説明すると「全体売上の80％はトップの20％が生み出している」ということなのだ。
韓国仕入れが熱いといっても、実際に取り組んでいるのは全体の数パーセントの人達しかいないので、トップ20％に入れる勝算は極めて高いといえるだろう。
ずばり、チャンスということだ。

仕入れと聞くと、貿易のように難しいのでは？　と感じる人もいるかと思うが、どちらかというとお買い物に近く、お土産を買うような感覚でいいので心配無用だ。
韓国は日本からの旅費が安く、韓国料理も美味しいし物価も安い。オマケに治安もいい。
しかも韓国には、日本ではなかなか手に入らない商品が沢山あるのだ。そんな儲かる商品だけを仕入れて（買って）日本で売るだけなので、誰でもできる。

つまり韓国旅行のついでに稼げてしまうのだ。

　この本には 20 年以上に渡り、韓国旅行を満喫しながら（これ、重要！）、そのついでに儲かる商品の仕入れをしている筆者のノウハウが詰まっている。**自慢じゃないが、これだけ続けているってことは、それだけ儲かるってことでもある。その証拠は 100 人以上の人達に韓国仕入れを指導してきたことである。**その経験の中で培ったリアルなノウハウがこの本を読めば現在進行形で手に入る。
　例えば、ソウルではタダで手に入るものが、日本では儲かる商品になるというマル秘情報まで、誰もが知りたい情報と儲ける方法をすべて紹介しているのだ。

　筆者が実践している方法を、実際の販売データで検証し、儲かる商品だけを仕入れて、メルカリなどで売るだけなので、ほとんど失敗することはない。
　唯一、失敗することといえば、実践しないことだ。どんなに凄いノウハウでも実践なければ、当然 1 円も稼げない。

　やるか？　やらないか？　ただそれだけだ。　もうワクワク感が止まらないという人は、兎にも角にも「考える前にまず行動」、「思い立ったら吉日」である。
　韓国旅行のついでに、サクッと稼ごうぜ！

山口裕一郎

弘大（ホンデ）マップ

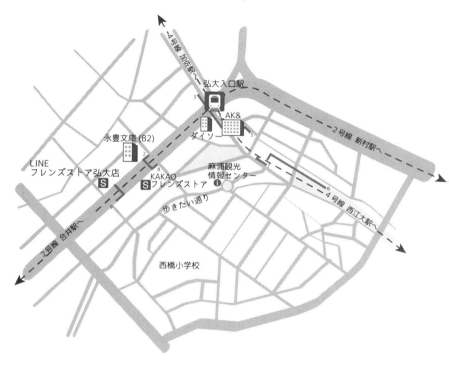

AK &　1階：ARTBOX/ アートボックス　…………P42
　　　　2階：WITHMUU/ ウィズミュー　…………P42
DAISO　…………………………………………………P45 ～

●東大門（トンデムン）マップ

2号線 東化門駅へ

東大門
城郭公園

東大門駅

鐘路

1号線 鐘路5街駅へ

陳玉華ハルメ元祖タッカンマリ

タッカンマリ横丁

清渓川

1

2 3
5 4

6

10

9

7

8

2号線 東大門駅へ
東大門歴史公園駅へ

東廟前駅

セブンイレブン
24

昌信洞 文具・玩具通り

doota!

maxtile

● 明洞（ミョンドン）マップ

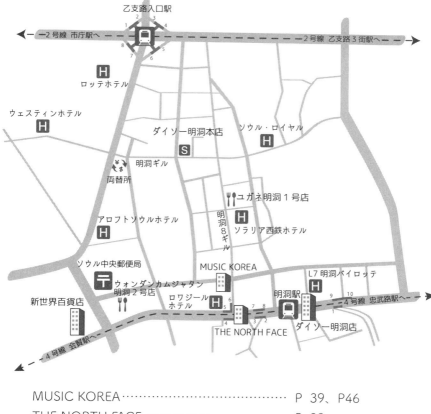

序章
韓国・ソウルの
お得な予備知識

今、なぜ韓国・ソウル仕入れが熱いのか？

K-POPなどのお宝商品が、高値で取引されている！

最初に筆者が韓国ソウルを訪れたのは、日韓ワールドカップが開催された2002年。その時はただ遊びに行っただけで、韓国の知識もほとんどなく、買い物や韓国料理を楽しんでいた。

当時の韓国は日本と物価の差があまりなく、食べ物やお酒が日本より少し安いぐらいだったが、料理がめちゃめちゃ美味しくて韓国にハマりそうな気がしていた。

今は無き、東大門運動場近くの店で珍しいカラーのVANSオールドスクールのスニーカーを発見し、「これなら買った以上の値段で売れそうだ」「いくらか旅費の足しになればいいなぁ～」という淡い思いもあって購入した。

日本に戻り、そのスニーカーをヤフオク！に出品したら、なんと購入価格の2倍以上の価格で売れたのだった。

これが引き金となって、

「本気で探せば、韓国の商品はイケるんじゃないか？　儲かるぞ！」

と直感し、儲かる商品の検索を続けながらソウルに足繁く通うようになった。

その後、韓国ドラマやオルチャンメイクが流行り、少女時代、KARA、東方神起、SHINee（シャイニー）、BIGBANG（ビッグバン）等、ビジュアルやパフォーマンスに優れたK-POP＝

Korean Pops と呼ばれるアイドルグループの人気が爆発。

　今では K-POP は言語の壁を超えて、世界のヒットチャートを席巻しており、YouTube の再生回数は、他の国の音楽に勝る勢いで、国を問わず見るものを魅了しているのは周知のとおりだ。

　今や欧米ハイブランドが K-POP スターの争奪戦を繰り広げており、NewJeans（ニュージーンズ）のハニがグッチ、ヘインがルイ・ヴィトン、ダニエルがバーバリーと契約し、ブランドアンバサダーに就任するなど凄いことになっている。

　CD、DVD、Blu-ray があまり売れない時代だからこそ、各レコード会社は販売戦略の一環として通常のフォーマットと異なるランダムトレカ付きやフォトブック付きの CD、DVD、Blu-ray といった韓国限定バージョンを販売している。

　それだけにとどまらず、アクリルスタンド、キーリング等の韓国でしか手に入らない K-POP、アイドルのマーチャンダイズも多い。**韓国限定のマーチャンダイズは、期間限定のポップアップストアで販売されることが多く、高値になるケースが多い。**

　日本のサンリオやディズニー等のメーカーとのコラボ商品も多く、**日本では手に入らないため、メルカリ等ではお宝商品として高く取引されている。**

　ソウルに行ったことがある人なら分かると思うが、ソウルでは結構、日本語が通じるので、さほど言葉に苦労はしない。もしハングルが読めなくてもスマホの翻訳機能もあるので安心だ。

　韓国に入国するには、3ヵ月以上の残存有効期限があるパスポートが必要で 90 日以内の滞在ならビザは不要だ。

日本から韓国には2～3時間で行けるし、時差がないのもいい。旅費もアメリカやヨーロッパの国と比べると断然安いのでメルカリ等での利益率も取りやすくお勧めだ。

 ## 2 2泊3日の韓国旅行で 10万円稼げる現実

韓国ならではの限定商品の場合

筆者は、沢山の方々に韓国商品の仕入れを指導している関係で、「2泊3日で韓国に行ってどのくらい稼げるのですか？」とよく質問される。

行き帰りの移動時間があるので、実際に現地で活動できる時間は2泊3日で24～48時間ほど。そんな短い滞在時間でも、実際には利益10万円オーバーも可能なのだ。

例を挙げて解説しよう。一般的には意外と知られていないが、Starbucks Coffee（スターバックスコーヒー）の限定品は、世界中にコレクターが多く存在し、Starbucks Coffee の海外限定品は高値になる傾向がある。そのため韓国の Starbucks Coffee 限定タンブラーも人気がある。

毎年、お正月、バレンタイン等の季節ごとに新デザインのタンブラー、マグカップ等の韓国 Starbucks Coffee 限定のマーチャンダイズが発売される。

Starbucks Coffee × BLACK　PINK 限定タンブラーは、仕入価格が約 10,000 円でメルカリでの販売価格は 39,999 円。

利益計算してみよう。

- ・販売価格　39,999円
- ・仕入価格約10,000円
- ・メルカリ販売手数料10％
  3,999円
- ・レターパックプラス送料
  520円
- ・1個当たりの純利益は
  約25,480円
- ・4個仕入れた場合、
  約25,480円×4個＝
  約101,920円

が純利益になる。

　たった1品で純利益10万円超えだ。他のデザインのタンブラーも高値で売れたので、実際にはもっと儲かった。

　CHANELの限定ミラーは仕入価格約5,300円で、メルカリでの販売価格は20,000円。

　利益計算してみよう。

- ・販売価格　20,000円
- ・仕入価格約5,300円
- ・メルカリ販売手数料10％　2,000円
- ・メルカリ便送料　180円

現地でしか手に入らない韓国Starbucks Coffee×BLACK PINK（ブラックピンク）限定タンブラー（Starbucks Coffee公式HPより）

CHANEL（シャネル）限定ミラー（CHANEL公式HPより）

・1個当たりの純利益は約12,520円
・8個仕入れた場合、約12,520円×8個＝約100,160円
が純利益になる。
9色あるので、実際にはもっと儲かった。

驚きましたか？　これが韓国仕入れの爆発力なのだ！
　日本国内で仕入れをして、こんなに凄い利益率の商品はほぼないだろう。
　日本では、韓国商品の仕入れといえば、東大門市場でのアパレルの仕入れが有名だが、一般の人が利益を出すのはかなりハードルが高い。
　現地の問屋や仕入れ先と繋がっているとかではなく、**こういった情報を知っているか、知らないかの差なのだ。**これで俄然、やる気が出てきただろ？

　このような商品をサクッとGETできれば、韓国滞在中の残りの時間は美味しい物を食べたり、頑張った自分にプレゼントを買ってあげたり、エステに行ったりと2泊3日の韓国旅行を大いに満喫できるのだ。やるしかない！

 # 旅費を激安にする方法

格安航空券比較サイト
「スカイスキャナー」で予約する

　航空券を安く予約したいなら、手配手数料が安い予約サイトを選ぶのが鉄則だ。あまり知られてないのだが、実は各予約サ

イトの料金の差は、手配手数料にある。

　予約サイトから予約する場合、航空券代に手配手数料が加算されるのだが、予約サイトごとに手配手数料が異なるため、航空券の料金に差が出るのだ。

　スカイスキャナーは航空券＋手配手数料で比較できるので、最安値がすぐに分かる便利な予約サイトだ。

　基本的には早く予約したほうが安く航空券を購入できるが、航空会社が空席を減らすために直前になって価格を下げる場合もある。

　いつでも韓国に行ける人なら、自分の希望する航空券が値下がりしたときに LINE、メールで知らせてくれるプライスアラート機能を利用すると便利だ。

　▼スカイスキャナー
　https://www.skyscanner.jp/

　ビジネス的に考えると多くの企業が土日が休みのため、木曜日から出張を組む人は少ないので航空券が安くなる傾向がある。

　また、日曜日に航空券の価格を下げる航空会社も多いので、その辺りを考慮して日程を組むと安く韓国に行けるのだ。

ホテルと航空券を一緒に予約すると安くなる

　航空券とホテルを一緒に予約すると割引になる格安航空券比較サイトがある。予約サイトごとに航空券代に加算される手配手数料が異なるということは先ほども書いたが、**ホテルもサイトによって宿泊費に差が出るのだ。**

　いくつかのサイトで、航空券＋ホテル代の合計価格を比較し

てから予約するといい。

▼エアトリ
https://www.skygate.co.jp/
▼エクスペディア
https://www.expedia.co.jp/

連休、週末を外す

格安航空券比較サイト　スカ
イスキャナー

やはり連休、金土日は航空券、
ホテル共に高くなる傾向がある。日程をズラセるのであれば考
慮しよう。

マイレージ、クレジットカードの
ポイントを使って航空券、ホテルを購入

仕入れで韓国に行っていれば、マイレージ、クレジットカー
ドのポイントが自然に貯まるようになる。

マイレージ、ポイントの効率的な貯め方は沢山ありすぎるの
で、重要なポイントだけ解説するが、なるべく同じ航空会社（同
じアライアンスの航空会社も含む）を利用して、マイレージを

Marriott Bonvoy（マリオット
ヴォンボイ）アメリカンエキス
プレスカードのメンバーシッ
プ・リワード（ポイント）が貯
まると無料でマリオット系のホ
テルに宿泊できる（マリオット
ボンヴォイ・アメリカン・エキ
スプレス クレジットカード HP
より）

貯めて、ポイントが貯まりやすいクレジットカードを使って支払うことを意識するだけでも、かなり貯まる。

またローシーズンは安いので、1月9日ごろから2月末を狙うと通常より安く行ける。

空港のラウンジで無料飲食を楽しむ

クレジットカード、航空会社によっては、空港のラウンジが無料で利用できる。

空港ラウンジとは、フライトの合間に乗客が快適に過ごすためのサービスを提供する空港に設置されたラウンジだ。

空港のラウンジには、カードラウンジと航空会社ラウンジがある。

カードラウンジは提携しているクレジットカード会社の上級グレードのクレジットカードを持っている人限定で空港内のカードラウンジが無料で利用できるラウンジだ。基本的に無料で利用できるのは会員本人のみなので、同伴者については有料になることが多い。

色々なお酒が無料で飲める空港ラウンジ

航空会社ラウンジは、座席クラスの高い航空券の利用者やマイレージプログラムの上級会員だけが利用でき、こうしたラウンジは「VIP ラウンジ」と呼ばれている。

　いずれもドリンク、軽食が無料で楽しめる。タダで酒が飲めるのだから最高としか言いようがない。

韓国語がわからなくても バッチリ仕入れる方法

Google 翻訳を使えば、 韓国語を日本語に翻訳できる！

　日本人は韓国語が分からない、話せないという方が多いので、仕入れの時に困ることもあるだろう。しかし、現地で韓国人の日本語通訳を雇うと相当な費用が掛かるので現実的ではない。

　大きなホテルや空港等では日本語や英語が通じることも多いのだが、小さな店舗等では、ほとんど韓国語しか通じない。そんな時はスマホで **Google 翻訳を使って、韓国語を日本語に翻訳するといい。**

　Google 翻訳は単語、フレーズ、ウェブページを翻訳できる無料サービスだ。

　スマホのカメラ機能を起動させて、ハングル文字にかざすだけで日本語訳が表示される。

　またスマホに向かって韓国語で話してもらえば、日本語に翻訳することができるし、反対に日本語でスマホに向かって話しかければ、韓国語に翻訳という逆の翻訳も可能だ。また音声で韓国語に翻訳した言葉を、そのまま相手に聞かせることもできる。

Google 翻訳を使えば韓国語を日本語に翻訳できる

　Google のサービスなので誰でも無料で使えるので、どんどん利用するといい。
　翻訳精度は上がっているが、スマホのカメラからハングル文字までの距離が遠かったり、声が小さいと翻訳できない時もある。うまく翻訳できない時はカメラを近づけたり、大きな声で話してもらうようにして、再度、翻訳してみよう。

　店員も、韓国語が分からない日本人とのやり取りに慣れているので、四苦八苦していると、店員の方からスマホで翻訳した日本語の文を見せてくれる時もある。
　2002 年から韓国仕入れをしている筆者でさえ、いまだに韓国語がほとんど分からないので Google 翻訳を使っているが、不自由さを感じたことはほとんどない。

　「在庫は何個ありますか？」
　「○個買います」
　「全部買います」
　「他の色はありますか？」
　「黄色はありますか？」
　「他のサイズはありますか？」

「Mサイズがありますか？」

　など、仕入れでよく使う言葉は、予め韓国語に翻訳した文を
スクリーンショットしてスマホに保存しておくと、いちいち
Google翻訳を使わなくても見せるだけで済むので楽だ。

　**韓国語のWebサイトを翻訳する場合、GoogleのChromeで
閲覧すると日本語に翻訳可能だ。** スマホでもパソコンでも日本
語翻訳に対応している。
　バナーなどハングル文字が画像に入っている場合、Chrome
の翻訳機能でも日本語翻訳はできないので、スマホのGoogle
翻訳のカメラ機能で画像になっている個所をスキャンすれば、
Webサイト全体を日本語翻訳できる。
　Google翻訳とGoogle Chromeがあれば、韓国語が分からな
くて困ることはほぼない。

⑤　こんなに換金レートが　良い両替方法があったとは！

ソウルの街中で両替する方法

　日本円から韓国ウォンへの現金の両替は、現地で両替するの
が一番いい。
　観光客は空港の銀行で両替する場合が多いようだが、換金
レートはあまり良くない。仕入れ目的での渡韓であれば、少し
でも換金レートの良い両替屋を探すべきだ。
　銀行やホテルでの両替は手数料が高いと相場が決まっている

が、換金レートがいいのは、南大門市場（ナンデムンシジャン）、明洞（ミョンドン）、梨泰院（イテウォン）地区で両替すると良い。

特に南大門市場内や周辺で、椅子に座っている両替商のおばさん達や簡易的なブースで営業している両替屋は、換金レートが良いケースが多い。

こういった両替商は国の公認ではない場合もあるが、外国人が両替しても特に問題はない。このような場所で両替すると、外貨交換証明書というレシートが出ない場合がある。外貨交換証明書がないと韓国ウォンから日本円に両替することができないので、現地で使い切る分だけの金額を両替することだ。

両替屋が乱立しているエリアでは、換金する人が多くいる両替屋を選ぶといい。理由は換金レートが良いために人気があるからだ。

韓国ウォンは我々のような外国人にでも、紙幣や小銭の単位

南大門市場の両替商

▲換金レートが良い両替屋は混んでいるからすぐに分かる

が判りやすく、紙幣には50,000ウォン札、10,000ウォン札、5,000ウォン札、1,000ウォン札の4種類があり、硬貨には、500ウォン、100ウォン、50ウォン、10ウォンの4種類がある。

　ついつい増えがちな小銭は、地下鉄の切符自販機やコンビニなどで使える。日本国内では韓国ウォンを日本円に両替しているところが少ないため、余った韓国ウォンは、韓国にいるうちに使い切るか日本円に換金した方がいい。

　また、免税店では韓国ウォン、日本円、クレジットカードをミックスして使えるので、余った韓国ウォンは免税店で使い切るというのも一つの手だ。

　韓国ウォンから日本円への両替は手数料が掛かるので、ウォンは現地で使い切るようにしたい。

【街中の両替所】★★★★★
銀行や空港に比べて換金レートがよい場合が多い

【銀行】★★★★
手数料が掛かりますが換金レートはよい

【空港】★★★
街中の両替所に比べると換金レートはよくない

【ホテル】★★
顧客サービスの一環なので、換金レートはよくない。どうして
も現金が必要という場合のみ利用

　空港などでは、必要最低限だけ両替して、まとまった金額は
南大門や明洞、梨泰院まで出て両替するといい。街の両替屋は
9時〜20時くらいまで営業している。早朝や深夜にどうして
も現金が必要な場合、ATMでキャッシングもできる。
　韓国では日本と同様にどこの店舗でもVISA、JCB、マスター、
ダイナース等ほとんどのクレジットカードが使えるので、必要
最低限の金額だけ両替しよう。

❻ しまった！「店が閉まってる！」 韓国の休日

旧正月と秋夕の連休中は、 韓国に行かないほうがいい

　仕入れで韓国に行くのだから、店舗が営業してないと話にな
らない。韓国では旧正月(ソルラル)、秋夕(チュソク)の連
休中はほとんどの店舗や飲食店が休みになる。コンビニや
ファーストフード店はやっている店もあるが、街は閑散として
いてほとんど仕入れもできないし、美味しい飲食もできないの
で、この時期に韓国に行く価値は全くない。

旧暦1月1日、旧正月

　日本は年末年始にかけてお正月休みがあるが、韓国は旧正
月が連休となり、年末年始は1月1日のみのお休みになる。

旧正月の日にちは1月末から2月中旬ごろで、旧暦のため日程は毎年変わる。

当日とその前後の2日間を含む3日間が連休になる。

旧正月は韓国の伝統的な名節の1つでソルラルと呼ばれている。

旧暦8月15日　秋夕（チュソク）

韓国の代表的な名節で、日本でいうお盆のようなものである。秋夕当日とその前後の2日間を含む3日間が連休となるが、土日を含むカレンダーによっては大型連休にもなる。秋夕の日にちは9月末から10月中旬で、旧暦のため日程は毎年変わる。

また、帰省ラッシュのため、高速鉄道KTXや高速バスなどのチケットは特別販売期間を設けている。この時期は韓国の地方に行くのは避けたほうがいい。大型連休を海外で過ごす韓国人も多く、金浦国際空港、仁川国際空港は非常に混み合う。旧正月と秋夕の連休中は渡韓しないほうがいい。

どうしてもこの期間に渡韓する場合、あらかじめ店舗の営業日・営業時間を確認しておこう。

3月1日　三一節（サミルジョル）

1919年3月1日は日本の植民地支配に抵抗し、自主独立を求めた独立運動を称えた祝日。当日は独立宣言書が読まれたパゴダ公園（現タプコル公園）のある鍾路（チョンノ）、光化門（クァンファムン）広場、ソウル駅前、独立記念館などで記念式典が開催される。

8月15日　光復節（クァンボクチョル）

1945年8月15日の日本統治からの解放と、1948年8月15

日の大韓民国政府の樹立を記念する祝日。当日は大統領が参席する慶祝式典が行われ、独立記念館、博物館、歴史資料館などで特別な行事が開催される。

　3月1日の三一節と8月15日の光復節は、渡韓を控えるほどではない。ソウル市内での仕入れや食事に困ることはないが、反日デモが行なわれる光化門や日本大使館には近づかないほうがいい。

その他の祝日

　5月　5日　こどもの日 (オリニナル)
　6月　6日　顕忠日 (ヒョンチュンイル)
10月　3日　開天節 (ケチョンジョル)
10月　9日　ハングルの日 (ハングルナル)
12月25日　クリスマス

などがあるが、店舗や飲食店は通常営業しているので渡韓しても問題ない。

　6月6日の顕忠日と12月25日のクリスマス以外の祝日は、土曜日、日曜日と重なる場合、次の日が振替休日になり、連休となる。**連休になるとホテルの宿泊費がはね上がるので、事前に確認するといいだろう。**

⑦ ソウルの季節

韓国の気候は日本と同様で、
四季がはっきりしている

　春と秋は過ごしやすく、夏は暑く、東京や大阪とほぼ変わりがない。冬は非常に寒く乾燥するので、東北地方や北海道を連想させる寒さであるが、大陸性高気圧の影響を受ける韓国の寒さは日本の寒さと違って肌に痛さを感じるほどだ。

　日本と比べ湿度が低く降水量が少なく、1年を通じて乾燥した気候だ。

春　3月〜5月

　日中の気温は15℃から20℃程度で比較的暖かいが、夜間はまだ少し肌寒い時期だ。晴れの日は暖かく感じるが、日が落ちると急に気温が下がることがあるので、上着を持ち歩くと安心だ。

夏　6月〜8月

　日中の気温は25℃から30℃を超えることが多く、気温が高いうえに湿度も高いため、蒸し暑い。服装は日本と一緒で問題ない。

秋　9月〜11月

　日中の気温は20℃から25℃程度で、夜は10℃から15℃程度と日中は過ごしやすく、朝晩は肌寒い。気温差が激しいため、

朝晩はを上着を持ち歩くと安心だ。

冬　12月〜2月

　日中の平均気温は0℃以下で夜は-10℃以下になり、乾燥した冷たい風が吹く。外は非常に寒いのでダウンジャケット、コート、マフラー、手袋、帽子、ヒートテックなどで、しっかりとした防寒対策が必要だ。

　路面が凍結していることが多く注意が必要だ。歩きやすく滑りにくい靴を勧める。

　外はすごく寒いのだが、室内はオンドル（床暖房）で暖かすぎる場合があるので、脱ぎ着しやすい服を選ぶといい。

 公共交通機関での移動

ソウル市内の移動は地下鉄が便利

　仁川国際空港からソウル駅まで空港鉄道 A' REX の一般列車で約40〜50分、バスで約70分〜90分、

　金浦国際空港からソウル駅まで空港鉄道 A' REX の一般列車で約15分、バスで約40分〜70分だ。

　ソウル市内では主に地下鉄、バスなど公共交通機関での移動となる。

　地下鉄、鉄道の駅にはハングルの他、英語、日本語の表示があり、誰でも簡単に乗れる。車内では行き先などの英語表記と英語でのアナウンスもあり、移動は非常に楽だ。

現在、ソウルの地下鉄は中央線、盆唐線、１〜９号線まであり、各線色分けされており、初めての方でも分かり易い。

　駅の窓口や繁華街などでは、無料の路線図が置いてあるので、

下左右：英語表記もあり、初めてでも分かり易いソウル市内の地下鉄

上：T -money カードがあれば、移動も楽々。

左上：空港からソウル市内までノンストップで行く空港リムジンバス

左：仁川国際空港空港、金浦国際空港からソウル駅に行けるを空港鉄道 A'REX

それを見ながら移動すると間違いない。

「T-money カード」というチャージ型のカードを購入すると、タッチするだけで地下鉄やバスに乗れるので便利だ。日本の Suica、PASMO、ICOCA のようなカードで、コンビニなどで買える。

地下鉄やバスの運賃が割引になったりする他、コンビニでの支払いやコインロッカーの支払いにも使える。

駅やコンビニなどでは、1,000 ウォン単位でチャージができる。

⑨ タクシーでの移動

ソウル市内の移動は、タクシーを効果的に使おう

移動にタクシーを使えば、短い滞在期間の時間節約にも繋がる。

黒塗りの車が模範タクシーで、その他、一般タクシー、個人タクシーがある。模範タクシーの運転手は日本語が話せたり、備え付けの無線で日本語での会話も可能なので、一般タクシーの約2倍の料金になる。

街を流しているほとんどのタクシーは、一般タクシーなので、一般タクシーを利用する場合が多い。乗車する場合は手を上げて、車を止めて、行き先を告げるだけなので日本のタクシーとほとんど変わらない。

一般タクシーでは、ほとんど言葉が通じないので、スマホに

黒塗りの車が模範タクシーで、その他が一般タクシー

行先を表示させて見せれば、ハングルが話せなくても目的地まで行ってくれる。

　以前は、ハングルや道路の分からない日本人をよいことに、遠回りしてタクシー代を稼ぐ運転手もいたが、スマホ時代になってからはあまり心配はないようだ。

　ホテルの場合は、客待ちしているタクシーを利用してもいいだろう。初乗り2キロ以後131メートル当たり100ウォン、30秒当たり100ウォンが加算されていくシステムになっている。
　深夜から早朝は日本同様に割増料金になる（模範タクシーは深夜の割増料金なし）。
　タクシー代は、日本のタクシーと単純に比較することはできないが、円とウォンの比較で、半分の感覚、もしくは、もっと安く乗れる感じだ。ドアは、日本のように自動式ではないので、乗車、降車の際は自分で開け閉めする必要がある。

　急な雷雨の時などは、タクシーが捕まらない場合が多いのは、

どこの国も同じようだ。地下鉄とタクシーを効果的に使い分けるのが、ソウル市内の移動の秘訣だ。

ソウルの Wi-Fi 事情

●日本と同様で Wi-Fi はどこでも繋がりやすい

　仁川国際空港では、Wi-Fi 設定画面から「Airport Wi-Fi」、金浦国際空港では、「Public Wi-Fi free」を選択するとインターネットにアクセスできる。

　ソウルの繁華街にもフリー Wi-Fi スポットが多数あるので、インターネットへのアクセスは容易だ。また韓国のカフェの多くがフリー Wi-Fi サービスを提供しており、

「Starbucks Coffee」
「HOLLYS COFFEE」（ホーリーズカフェ）
「TOM N TOMS COFFEE」（トムアンドトムズ）

楽天モバイルは 2GB まで 980 円（税込 1,078 円）で海外ローミングを利用できる

「EDIYA COFFEE」（エディヤコーヒー）

　などでもインターネットにアクセスできる。
　ID やパスワードの入力を求められる店舗もあるが、基本的に接続設定は簡単だ。街中でインターネットにアクセスできないときは、カフェに入るといいだろう。普通の焼肉屋とかでもフリー Wi-Fi があったりする。

　ソウルのホテルでは基本的に Wi-Fi が無料で使えるが、日本からレンタルポケット Wi-Fi ルーターを持参すれば、いつでもインターネットにアクセス可能だ。レンタル Wi-Fi は、1 日当たりの使用料はキャリアによって 1 日あたり 500 円くらいからあるので、仕入れ目的で韓国に行く人は必須だ。
　スマホで繋ぐときは、iPhone の場合、
　「設定」➡「モバイル通信」➡「通信のオプション」➡「データローミング」を「オフ」。
　Android の場合、
　「設定」➡「もっと見る」➡「モバイルネットワーク」➡「データローミング」を「オフ」に設定すれば、日本の回線にアクセスできなくなるので、この設定だけは忘れずに。

第1章
韓国・ソウル
「お宝さがし」の実践

① 儲かるモノが溢れる明洞で 仕入れる

儲かる商品で溢れる明洞

　明洞（ミョンドン）は韓国ソウル随一の繁華街で、日本に例えると東京の新宿のような街だ。

　地下鉄2号線の乙支路入口（ウルチロイック）駅と地下鉄4号線の明洞駅の両駅にはさまれたエリアが明洞と呼ばれている。

　屋台からロッテ百貨店（明洞本店）、新世界百貨店（本店）といった高級デパートまで、ソウルにあるものなら何でも揃うという大きな街だ。

左／THE NORTH FACE 明洞店。韓国限定品を扱っている　右／NIKE 明洞店。韓国限定品が熱い

GUESS（ゲス）、NIKE（ナイキ）、THE NORTH FACE（ザノースフェイス）などブランド品の韓国限定の商品は狙い目だ。

その他、さまざまなブランドのアパレル、アクセサリー、雑貨などのショップがあり、ALAND などカジュアルなセレクトショップから

Music Korea 明洞店。これくらい楽勝で仕入れられる

高級ブランド品まで幅広い商品の仕入れができる。

明洞駅から直結している明洞駅地下ショッピングセンターには、K-POP アイドルのグッズショップなどが多数あり、何かしら利益が出る商品が必ず見つかるはずだ。CD、DVD、ペンライトなどの公認グッズなどが狙い目だ。

明洞駅 6 番出口を出たところにある、ミリオレホテルソウル明洞の隣にあるコスメショップ Nature Republic（ネイチャーリパブリック）の 3 階にある Music Korea（ミュージックコリア）でも K-POP アイドルの CD、DVD、公認グッズなどが手に入る。

最新アルバムを購入すると Music Korea 限定のトレーディングカード等のグッズがもらえるキャンペーンも定期的に開催している。

Starbucks Coffee は明洞に多数の店舗があり、期間限定で発

親切で丁寧な観光案内所のガイド

売されるタンブラー、マグカップ、ぬいぐるみ等の韓国限定のマーチャンダイズは希少性が高く、日本では高値で取引されている。

BTS や TWICE 等の期間限定のポップアップストアも頻繁に開催され、期間限定、数量限定で発売されるグッズは、ここでしか手に入らないため高値で取引されている。

明洞で行きたい店の場所が分からない時は、観光案内所のガイドに聞いてみるといいだろう。日本語対応で丁寧に道順を教えてくれるので至れり尽くせりだ。

観光案内所のガイドは、赤いユニフォームを着て、街かどに立っているのですぐに分かるはずだ。

スーパーマーケットも多数あり、お土産を買ったりするのに便利だ。

飲食店も多いので仕入れの間にチーズダッカルビ、スンドゥブチゲ、サムギョプサル、サムゲタンなどの激うま韓国グルメを満喫することもできる。夕方を過ぎると、どこからともなく現れる屋台は韓国式おでんからスイーツまで種類が豊富で、見ているだけでも楽しめること間違いなしだ。

何でもありの明洞の屋台だが、ブランドコピー品やパチモノ

の K-POP アイドルのグッズなど、日本では販売できない商品も売られているので気をつけよう。

② 若者が集まる弘大入口での仕入れ

雑貨からストリートブランドまで若者が欲しいものなら何でも揃う

弘大入口（ホンデック）はソウル市内、西側の繁華街エリアで、日本に例えると東京の原宿のような街だ。

地下鉄2号線、空港鉄道（A'REX）の仁川国際空港鉄道、韓国鉄道公社（KORAIL）の京義・中央線の3線の接続駅となる。

弘大入口の由来となる弘益大学校は、地下鉄6号線上水駅と、空港鉄道の仁川国際空港鉄道、韓国鉄道公社の京義・中央線の弘大入口駅の近くにある。大学周辺は弘大（ホンデ）、弘大前（ホンデアプ）と呼ばれる学生街で、美術系、デザイン

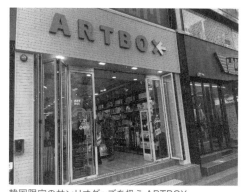

韓国限定のサンリオグッズを扱う ARTBOX

系の学生が多く、先鋭的でファッショナブルなエリアだ。

ギャラリー、クラブ、バー、ライブハウスなどが多数あり、韓国のインディーズ音楽シーンの中心地

K-POP アイドルのグッズショップ WITHMUU

でもある。

　ストリートブランドからショッピングセンター AK& まで、流行に敏感な若者が欲しいものなら何でも揃うといった大きな街だ。AK& には 1 階から 5 階まではファッション、コスメ、雑貨などのショップがたくさん入っている。

　1 階には ARTBOX（アートボックス）弘大 AK 店がある。ARTBOX は韓国のトレンドが詰まった雑貨チェーン店だ。日本のサンリオやアニメの韓国限定商品が販売されており、日本では入手困難なため、高値で取引されている。

　2 階には K-POP などアイドルのグッズを扱う WITHMUU（ウィズミュー）が入っており、何かしら利益が出る商品が見つかるだろう。

　WITHMUU 限定のトレーディングカードがもらえる LUCKY DRAW（ラッキードロー　通称ラキドロ）イベントも定期的に開催している。

　ラキドロイベント開催中に最新アルバムを購入すると、ト

レーディングカードがランダムに出てくるガチャガチャができる。**ラキドロのトレーディングカードは希少性が高く、高値で取引されている。**

　5階には日本のanimate（アニメイト）のショップとカフェがあり、期間限定、数量限定で発売されるグッズは、ここでしか手に入らないため高値で取引されている。

　SEVENTEEN（セブンティーン）やTWICE（トワイス）が愛用しているthis is never that（ディスイズネバーザット　通称ネバザ）、SHINeeやBTSも愛用しているADER error（アーダーエラー）といった、日本で人気があるストリート系ブランドのフラッグシップ店が多数ある。

　Nike Style 弘大（ナイキスタイルホンデ）の韓国限定の商品は狙い目だ。

　その他、**さまざまなアパレル、アクセサリー、雑貨などのショップがあり、幅広い商品の仕入れが可能だ。**またCUやGS25等のコンビニも沢山あるので、コンビニ限定品等も仕入れることができる。

　トッポキから焼肉まで沢山の飲食店があり、仕入れの間に韓国グルメを満喫することもできる。

③ 意外とコレクターが多い、狙い目の商品とは？

韓国限定のおもちゃの仕入れができるぞ！

　韓国限定のおもちゃは、日本人のコレクターが多く狙い目の品だ。おもちゃはトイザらスで購入することができる。トイザ

左：何かしら儲かる商品が見つかる韓国のトイザらス
右：昌信洞 文具・玩具通りのおもちゃの問屋にはマニアックな商品がいっぱい

らスは金浦空港店、蚕室店、清凉里、ソウル駅店など、韓国国内に多数の店舗がある。

　韓国のトイザらスは韓国最大の食品企業であるロッテグループの一つ、ロッテショッピングが親会社なので、全てのロッテマートの中にあり、アクセスがよく仕入れにも便利だ。

　どの店舗も豊富な種類と品数が多く、在庫も豊富なので何かしら儲かる商品が見つかるはずだ。定期的にクリアランスセールも開催している。

　東大門には昌信洞 文具・玩具通り（チャンシンドン ムング・ワング チョンハッシジャン）というおもちゃの問屋街がある。
　地下鉄1号線東大門駅 4番出口 徒歩1分、地下鉄6号線東廟前駅（トンミョアッ）6番出口すぐのところにある。問屋だが日本人でも問題なく商品を購入できる。韓国限定のポケモン、ベイブレード、ミニ四駆、トミカ、クレヨンしんちゃんなどは日本で人気がある。

　おもちゃの問屋街の営業時間は 9:00 〜 19:00 頃で、旧正月、

秋夕の連休中は休みだ。

韓国には DAISO（ダイソー）が沢山出店しており、DAISO でおもちゃの仕入れができる。 日本の DAISO は商品ごとに税込 110 円、220 円、330 円、550 円といった価格で販売されているが、韓国ウォンでは 1,000W、2,000W、3,000W、5,000W といった価格で販売されている。

韓国の DAISO とサンリオがコラボしたハローキティー、クロミ、マイメロディー、ディズニーとコラボしたミッキーマウス、ミニマウス、チップとデール、くまのプーさん、マリーちゃんなどは日本で人気があり、韓国での販売価格の何倍という価格の高値で取引されている。

BTS と韓国 DAISO がコラボしたマテルドールは、5,000W（当時のレートで約 550 円）で販売されていたが、仕入れ価格の 5 倍ほどというヤバイ価格で取引されている。

韓国 DAISO の商品は単品での販売だけではなく「韓国ダイソー限定ハローキティー○個セット」といったセット売りも多いので高く売れる。

BTS のマテルドールに関しては、7 人組のアイドルグループのため、メンバー 7 人全員分を揃えて BTS フルコンプリートと

DAISO で販売された BTS のマテルドールは高値で取引されている

してセット売りすれば、単品販売より付加価値が付き、高値で売れる可能性が高くなるのだ。

　このような商品は、基本的に再発はなく、新しい商品がどんどん売り出されるので、敏感に情報をキャッチして上手に流行の波に乗る仕入れをしよう。

韓国で無料なのに日本では有料で売れる品とは？

韓国のスマホのパンフレットでさえ売れる！

　この章の１．で紹介した Music Korea では、CD、DVD 等を購入するとポスターやポストカードがもらえる。こういった商品もメルカリやヤフオク！では結構な価格で売れたりする。店員さんが、好きなアーティストを聞いてくるので、もらえるだけもらっておこう。どこで何が高く売れるか分からないのだから。

　高級ブランド品である PRADA（プラダ）、Dior（ディオール）、LOUIS VUITTON（ルイヴィトン）などを、指定金額以上購入するともらえるノベルティーのバッグ等も高値で売れる。
　韓国の免税店や正規店で、自分用のお土産として高級ブランド品を購入してもらったノベルティーのバッグは、売ってしまうというのもありだ。
　スマホを販売している携帯ショップには、スマホのパンフレットがおいてあり、ロッテマート、Ｅマートなど、家電を販

売している店舗には、家電のパンフレットがおいてある。こういったパンフレットは当然、無料でもらえる。

タダでパンフレットも売れました

パンフレットには、韓国で人気があるタレントやミュージシャンがイメージモデルとして掲載されており、こういったパンフレットは日本ではほぼ手に入らないので、ファンとしては喉から手が出るくらい欲しかったりするのだ。

かつて LG 電子のスマートフォンの広告モデルを BTS が務めたことがある。今、その時のパンフレットを持っていたら、もの凄い価格で売れるだろう。LG電子の倉庫には、そのパンフレットがまだ眠っているかもしれない。

ロッテ免税店や新羅免税店などの免税店では、何ウォン以上の購入や VIP 会員等、一定の基準を満たしている方に、韓国で人気があるタレントやミュージシャンの非売品グッズをプレゼントするキャンペーンを定期的に開催している。

新羅免税店のノベルティー

ロッテ免税店は TWICE、2PM（ツーピーエム）、新羅免税店は東方神起、SHINee などが起用され、非売品グッズが限定配布されたこともあり、いずれも日本では高値で取引されているのだ。

**韓国スタバ ドリンク チケット クーポン 3 枚
セット送料無料**

¥1,480 送料込

左／ Starbucks Coffee のドリンクチケットも売れます！　右／タダでもらったのに売れました＾＾

　韓国の Starbucks Coffee でタンブラーを購入すると、ドリンク 1 杯無料のチケットがもらえるのだが、何とこのドリンクチケットもメルカリなどで売れるのだ。

　空港のチェックインカウンターでもらった、航空会社の壊れ物ステッカー、荷物のタグもマニア心を揺さぶるアイテムだ。航空機マニア、コレクターは結構いるのだ。

　本来、スーツケースに付ける物なのだが、売れるということを知っているので毎回もらっている。こういう品に出会えるのも海外仕入れの美味しいところだ。**すべて仕入れ価格は 0 円なのだから。**
　タダでもらってきたものが高額で売れるのだから、濡れ手で粟のぶったくり商売だ！

⑤ 韓国でしか手に入らない、 おいしい商品とは？

ポップアップストアを狙え！

　明洞、弘大、聖水（ソンス）などで数日〜数週間程度の短い期間限定で開設されるポップアップストアは狙い目だ。

　汝矣島（ヨイド）のザ・ヒュンダイ ソウルでは毎日、何かしらのポップアップストアが開催されており、ポップアップストアのメッカになっている。

　ポップアップストアでは、日本のアニメのキャラクターグッズなどの限定品が販売されている。

- ・BTS、BLACK　PINK、ルセラフィムなど、K-POPアイドルのグッズ
- ・ハローキティ、シナモンロール、ちいかわ等、キャラクターグッズ
- ・原神、THE FIRST SLAM DUNK（ザ ファースト スラムダンク）などのアニメのグッズ

BORN PINK HOODIE
○M ○L ○XL

約 20,000 円の BLACK　PINK
のパーカーが 35,000 円に！

　BLACK　PINK のパーカーが 35,000 円、THE FIRST SLAM DUNK のユニフォームが 24,000 円と日本円で数千円買える商品が信じられないくらいの価格に高騰している商品もある。

左／アニメのポップアップストア　右／ポップアップストア限定品

　期間限定のポップアップストアで開催期間しか購入できない、というのが高騰する理由だ。**ポップアップストアによっては、事前申し込みが必要だったり、抽選で当選した人しか入れない場合があり、入手が難しいのだが、これだけ高騰するのであれば、何としてもやるべきだ。**

　ただ全てのポップアップストアの商品が高値になる訳ではないので、メルカリでどのくらいニーズがあるか調べてから仕入れるのを勧める。

ポップアップストアの情報はWeb
検索でキャッチ

　ポップアップストアの開催情報はYahoo！やGoogleで「韓国」「ポップアップ」「K-POPのグループ名」「アニメのタイトル」などのキーワードで検索すると見つけることができる。

またX（エックス）などのSNSで、ポップアップストアの開催情報を検索すると熱烈なファンの投稿が見つかったりするので、フォローしておくと早く情報が掴める。

Starbucks Coffee 限定品が熱い！

Starbucks Coffee 韓国限定品のタンブラー、マグカップ、ぬいぐるみなどは人気がある。購入数量制限はないので欲しいだけ購入できるのも嬉しい。

毎年、お正月、バレンタイン等、シーズンごとに新しいデザインのタンブラー、マグカップ等の期間限定マーチャンダイズが発売される。

またコラボ商品も多く、

・BTS

・BLACK　PINK

・ディズニー

とStarbucks Coffee のコラボ商品は、異常とも言える価格で取引されている。最新情報は韓国Starbucks Coffee 公式サイトでチェックできる。

韓国のStarbucks Coffee は大きな街なら必ずといっていいほどあり、明洞だけでも何店舗あるか分からないほどあるので、探すのに苦労はしないだろう。

探している商品が売り切れていた場合、他の街のStarbucks Coffee に行くとまだ売っていたりすることがあるので諦めないで探そう。

韓国に限らず、Starbucks Coffee の海外限定品は高値になる

傾向がある。

❻ あらゆるクーポンを使い倒し、仕入れ原価を下げる！

意外とクーポンが見つかります♪

　利益額を上げるためにも、商品原価は限界まで下げたいところだ。仕入れをする前にクーポンがないか調べてみよう。「お店の名前」「クーポン」といった日本語のキーワードでインターネット検索するとクーポンが見つかる場合がある。韓国旅行

雑貨屋 ARTBOX のクーポン

情報の専門サイトのコネスト、ソウルナビにも色々なクーポンがある。

　・コネスト韓国旅行クーポン
https://www.konest.com/contents/coupon_list.html

　・クーポン一覧 ソウルナビ
https://www.seoulnavi.com>coupon>coupon_list

　免税店でもクーポンがあるので、公式ホームページで使用できるクーポンをチェックしよう。

ロッテ免税店

https://jp.lottedfs.com/main/index.do

　VIP シルバーカードは最大 10％オフ、VIP ゴールドカードは最大 15％オフ

※ VIP シルバーカードは 2 年以内に US400 ドル以上の購入、VIP ゴールドカードは 2 年以内に 4000 ドル以上の購入、または VIP シルバーカード発行から 5 年以内に 4000 ドル以上の購入が条件。

50ドル以上購入時	5,000 ウォン割引
100ドル以上購入時	10,000 ウォン割引
200ドル以上購入時	22,000 ウォン割引
300ドル以上購入時	35,000 ウォン割引
50 ドル以上購入時	65,000 ウォン割引

新世界免税店

https://www.ssgdfs.com/kr/main/initMain

　ゴールドメンバーシップカードで最大 15％オフ。30 ドル以上お買い上げの場合、ショッピングバウチャー 10,000 ウォン（受取当日有効）、最大で 115,000 ウォン割引になるクーポンパックあり。

新羅免税店

https://www.shilladfs.com/comm/kr/ja/main

　AMEX（アメックス）、Mastercard（マスターカード）、Diners（ダイナース）、Priority Pass（プライオリティ パス）のカードを提示すると 10 ～ 15% のクーポンがもらえる。タク

シーで行くと最大 20,000 ウォンのギフトカードまたは割引券がもらえる。

金浦空港利用の方には、20,000 ウォンのギフトカードがもらえる。

　免税店ごとに VIP カードがあり、割引を受けることができるのだ。

**　まさに「塵も積もれば山となる」ので、クーポンや割引になる権利を使い倒し、仕入れ原価を下げまくろう。**

　店員に「クーポンとかないですか？」と聞いてしまうのも一つの方法。やはり、一番、割引に詳しいのは店員なのだ。餅は餅屋ということだ。

　このようなクーポンやサービスは、期間などの制限があるので事前に公式 HP などで確認するといい。

第2章

輸入販売できない
商品の把握

① 大人気の韓国コスメは 輸入販売できますか？

輸入、販売に関する法律は 厳守しなくてはならない

MISSHA（ミシャ）、SKINFOOD（スキンフード）、ETUDE（エチュード）、CLIO（クリオ）等、韓国の化粧品は日本人女性に大人気だ。

明洞を歩いていると、化粧品の販売員のお姉さんたちの呼び込みが激しすぎて、ついつい化粧品を買ってしまったという経験がある方も多いのではないだろうか？

メルカリやヤフオク！で、韓国の化粧品を販売しているセラーが沢山いるので、輸入して販売しても問題ないと思っている人も多いようだ。

ところがどっこい、韓国から化粧品を輸入して販売する場合、化粧品製造販売業許可（医薬品医療機器等法第12条）、化粧品製造業許可（医薬品医療機器等法第13条）の許可が必要となるのだ。

許可だけではなく、取り扱う化粧品ごとに届出が必要となる。個人でもこれらの許可が取れない訳ではないが、資金面や管理面からなかなか難しいというのが現実だ。

楽天市場やYahoo!ショッピングは、大きな企業も出店しているので、輸入した化粧品を販売する許可を取って販売してい

るショップも多いのだが、メルカリやヤフオク！で韓国の化粧品を販売しているセラーは、法律違反と知りながらモグリで販売している可能性が高いと思われる。

　輸入した化粧品の販売は、許可が必要なことを知らず「ちょっと買い過ぎた」「自分には合わなかった」「自分で使ってみてすごく良かったから、これは高く売れるのでは？」と思い、販売しているセラーもいるのではないだろうか？

　無許可の販売は当然、メルカリ、ヤフオク！のガイドライン違反になり、出品商品が削除になる場合がある。

　化粧品を輸入して販売する場合、化粧品製造業、化粧品製造販売業の許可が必要ということを知らずに販売しているセラーもかなりいるはずだ。

　韓国を含む海外の化粧品の輸入は、個人的に利用する目的に限り認められているが、輸入した化粧品を第三者に販売することはできない。

　このような化粧品を無許可で販売することは、医薬品医療機器等法第 12 条、第 13 条、第 62 条で準用する同法第 55 条第 2 項に違反する。

　個人輸入した韓国の化粧品を、無許可で日本国内販売することはできませんが、MISSHA、SKINFOOD など、日本の正規販売店で購入した商品をメルカリやヤフオク！で販売することは可能だ。

　専門的過ぎて分かりづらいかもしれないが、
　・韓国の化粧品を自分で使うことは可能　　○
　・韓国の化粧品を販売することは可能だが許可が必要　　○
　・日本の正規販売店で購入した韓国の化粧品を販売するこ

とは可能　　○

・韓国で購入した化粧品を無許可で販売は法律によりできない　×

ということなのだ。

　自分で使う化粧品の国内への持ち込みは、標準サイズ1品目24個以内で、1個の内容量が60gまたは60ml以下であれば、1品目ごと120個以内と定められている。

　韓国には化粧品以外にも儲かる商品が沢山あるので、視野を広げて、他の商品を仕入れてガツンと稼ごう。

　それ、実は輸入できそうでできないのです

街でよく売られているコスメが、実は輸入できなかったりする

　明洞を歩いていると、化粧品の販売員のお姉さんたちの呼び込みで「薬用シートマスクをプレゼントしま〜す」と半ば無理やりか強引にシートマスクを渡された経験がある方も多いのではないだろうか?

　この薬用シートマスク、実は輸入して販売することはできないのだ。素肌の若返り効果、老化防止、メラニンの生成を抑えるなどを目的とするものは、「薬用化粧品（医薬部外品）」に該当し、無許可で販売はできないのだ。

　メルカリやヤフオク!で韓国で売られているシートマスクなどの医薬部外品を販売しているセラーが沢山いるので、輸入して販売しても問題ないと思っている方も多いようだ。

海外から輸入した医薬部外品を販売するためには、医薬部外品製造販売業許可及び海外の製造所については、外国製造業者認定が必要となり、国内で保管する場所については、医薬部外品製造業許可（包装・表示・保管区分）が必要となる。

　許可だけではなく、原則、取り扱う品目ごとに医薬部外品製造販売承認を取得する必要がある。

　個人でもこれらの許可が取れない訳ではないが、資金面や管理面からなかなか難しいというのが現状である。

　楽天市場やYahoo! ショッピングは大きな企業も出店しているので、輸入した医薬部外品を販売する許可を取って販売しているショップも多いのだが、メルカリやヤフオク！で韓国のシートマスクを販売しているセラーは、法律違反と知りながらモグリで販売している可能性が高いと思われる。

　無許可の販売は当然、メルカリ、ヤフオク！のガイドライン違反になり、出品商品が削除になる場合がある。

　このような商品を輸入して販売する場合、医薬部外品製造販売業許可が必要ということを知らずに販売しているセラーもかなりいるはずだ。個人的に利用する目的に限り認められているが、第三者に許可なく販売することはできない。

アロエヴェラは規制の対象外なので日本に持ち込みできる

　コスメ成分としておなじみの「アロエ」は、ほぼ全ての種類がワシントン条約の対象となってお

り、ワシントン条約の該当物品の成分を含む化粧品は、日本への持ち込み自体が禁止されている。

ただし化粧品の成分としてよく使われている「Aloe vera(アロエヴェラ)」は、規制の対象外なので、個人的に使うのであれば手続なしに日本への持ち込みが可能だ。

韓国の百貨店などで販売されている韓方薬の中には、「ワシントン条約」に基づき、国際取引が原則禁止されているものがある。

犀角(サイカク　サイの角)

麝香(ジャコウ　ジャコウジカの分泌物)

虎骨(ココツ　トラの骨)

熊胆(ユウタン　クマの胆のう)

など、動植物の成分が入っているものは日本へ持ち込めない。韓国で購入して現地滞在中に利用することは問題ない。場合によっては、許可書の提出などの手続を行なえば、日本へ持ち込める場合もあるようだが、日本国内で販売はできないので、他の儲かる商品を探した方が無難だ。

 **キムチ好きの友達への
お土産は OK？**

キムチは OK！　レトルトカレーは NG！

本場のキムチを韓国のお土産として、友達にあげようと考える方も多いだろう。日本へのキムチの持ち込みは可能で、友達にあげても法律的に問題はない。

しかも、キムチは安いので懐にも優しい。

　しかし、スーパーマーケット等で購入したキムチを手荷物として飛行機の機内に持ち込みはできない。スーツケースなどにキムチを入れて預け入れにすれば、問題なく日本に持ち込めるのだ。

　ただキムチのパッケージが破損するかもしれないので、万が一のことを考慮して、何重にもビニールで包んでからスーツケースに入れるといい。キムチの汁がスーツケース内に漏れたら、まさに地獄絵で大変なことになるのでしっかり梱包するようにしよう。

　キムチをメルカリ、ヤフオク！等で販売することは可能だ。

　「消費（賞味）期限」と「食品表示」を掲載し、食品表示がある場合は、原産国の食品表示の写真を掲載し、商品説明文に食品表示の和訳を記載する必要がある。

　翻訳アプリで食品表示だけ翻訳した画像だけでは出品はできない。

　他の韓国の食品を出品する時も一緒だ。

　チャミスル、マッコリなど韓国のお酒に関しては、個人用であれば3本（760ml/本）以内であれば、無税で持ち込みできる。

**　お酒をメルカリやヤフオク！で販売する場合、通信販売酒類小売業免許というお酒の通信販売に対する免許が必要になる。**

酒は免許がないと販売できない

韓国のお酒や免税店で売られている高級ウイスキーを販売しているセラーは、法律違反と知りながらモグリで販売している可能性が高い。免許を取得せずネットで販売したことが判明した場合、1年以下の懲役または50万円以下の罰金が課される。

　肉製品、果物、植物の種、乳製品の一部などは日本に持ち込めない。
　赤唐辛子は生も乾燥も「種」を持ち込むことになってしまうため、日本への持ち込みはできないが、粉唐辛子は持ち込み可能だ。

**　ハム、ソーセージ、スパム缶、真空パックのサムゲタン、乾燥肉が入ったインスタントラーメン、レトルトカレー等は肉が入っているので、日本への持ち込みはできない。**
　ミルク、クリーム、バター、プロセスチーズ以外のチーズは検疫の対象になる。
　面倒な検疫をして一生懸命、日本に持ち込んでも骨折り損のくたびれ儲けなので、韓国の食品を仕入れるのは、やめておいたほうがいいと思う。

コピー商品を輸入すると逮捕される可能性も！

販売はもちろんのこと日本への持ち込みもできません！

　韓国はアジアの中でも治安が良い国なので、女性も安心して街を歩くことができる。しかし、依然としてブランド品のコピー

品が至る所で販売されている。

　明洞などの繁華街を歩いていると「社長、完璧な偽物アルよ」「スーパーコピー、何でもアルよ」と声をかけられることがある。韓国でもコピー商品の販売の取り締まりが厳しくなり、だいぶ減ったが、依然としてこういう輩はいるのだ。

　昔のブランド品のコピー商品は、誰が見てもすぐにわかるような粗悪な商品ばかりだったが、最近はスーパーコピーと呼ばれる本物そっくりな商品が出回るようになり、判別も難しくなってきている。

　コピー品の中にも等級があり、A級、S級の上のN級は、一番質が高いコピー品だ。N級は本物と同じ素材、製作方法で作られており、非常に精巧にできている。

　こういったコピー品は、明洞だけではなくありとあらゆるところで売られているのだが、当然のことながら**コピー商品は日本では販売できない**。

　コピー品と知らずに購入する人がいる一方、コピー品だと知っていながら購入している人もいる。コピー商品だと知っていても知らなかったとしても、販売を目的とせず、あくまで自分が使うためなら、購入しただけでは逮捕されることはない。

　購入しただけでは罪には問われないが、日本国内への持ち込みはできない。空港の税関検査で没収されてしまうのだ。これは海外から国際宅配便等で日本に送る場合でも同じだ。

　また、「コピー品だと知らなかった」という場合でも没収される。罪に問われるのは、販売用として所有している場合だ。販売目的でブランドのコピー品を所持した場合、5年以下の懲役か500万円以下の罰金、または両方が科される可能性がある（商標法78条の2）。

ブランドのコピー品ということを知りながら販売した場合、他人の商標を侵害する行為になり、商標法違反となる。販売した場合には、10年以下の懲役か1,000万円以下の罰金、または両方を科される可能性がある。

　それにも関らず、メルカリやヤフオク！でコピー商品を販売しているセラーが沢山いる。インターネットで商品を販売した場合、必ず履歴が残る。バレなきゃ大丈夫と思ってもしっかり証拠が残っているので、絶対に言い逃れはできない。

　ブランドのコピー品販売者が逮捕されたというニュースを見聞きしたことがあるかと思う。あなたも、そうならないように気をつけよう。

　コピー商品はいかなる理由があっても、販売することはできない。ブランド品は正規品を購入するのが一番だ。

知らないとヤバイ！　それ、法律を犯していますよ！

パチモノを販売すると法律違反になります！

　明洞駅から直結している明洞駅地下ショッピングセンターには、K-POPアイドルのグッズショップなどが多数あり、正規品と正規品ではないパチモノがごっちゃになって売られている。

　パチモノはカレンダー、ノート、マグカップ、バッチ、ステッカーなど様々な物がある。日本のタワーレコードやHMVなど

左：パチモノが堂々と売られているが全部アウト！ ／ 右：明らかに安っぽいのは全部パチモノだから仕入れないように！

は正規品しか販売していないが、正規品とパチモノが一緒に並べられて販売されているのは韓国らしい光景だ。

　ニーズがあるから、法を犯してまでパチモノが作られて売られる訳で、パチモノと分かっているのに購入するファンも多いようだ。

　こういったパチモノは明洞だけではなく南大門、東大門、弘大、梨泰院、仁寺洞（インサドン）など、あらゆるところで、あまりにも堂々と販売されている。

　当然のことながらパチモノの K-POP アイドルのグッズ、海賊版は日本では販売できない。実際にはこういった商品をメルカリやヤフオク！で販売しているセラーが沢山いるので、販売しても問題ないと思っている方も多いようだ。

　しかし、正規品ではないと知りつつ日本国内で販売するつもりで韓国で購入した場合、著作権を侵害する行為とみなされる。これらの行為を行った者は、5 年以下の懲役または 500 万円以下の罰金が科されることになる。（著作権法 119 条 2 項 3 号）

　こんなことで逮捕されたら一生、台無しだ。

　また、メルカリやヤフオク！のアカウントが停止になることもある。一度、アカウントが停止になると、本人名義でアカウ

ントを再取得することはできない。

　色々な意味で痛い目に遭うのだ。ついうっかりパチモノを買ってしまったということがないように、正規品とパチモノの見分け方を教えよう。

　　★正規品の特徴
　　・バーコードがある
　　・ホログラムがある
　　・販売会社名の記載がある

　　★パチモノの特徴
　　・バーコードがない
　　・ホログラムがない
　　・販売会社名の記載がない
　　・画像の印刷が粗い
　　・値段が極端に安い

　これらをチェックすれば、正規品と間違えてパチモノを買ってしまうことはない。店員に「これは正規品ですか？」と聞くのも一つの方法だ。

　韓国では昔から偽物販売が横行しているので「これは正規品ではないよ」と正直に答えてくれるはずだ。

　そもそもやましい気持ちが

正規品の CD 等には必ずホログラムがある

なければパチモノを買うことはないだろう。海賊版販売者が逮捕されたというニュースを見聞きしたことがあるかと思う。あなたもそうならないように気をつけよう。触らぬ神に祟りなしだ。

　第1章の1．と2．で紹介した Music Korea や WITHMUU は正規品しか扱ってないので安心して仕入れができる。

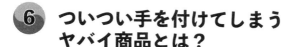

⑥ ついつい手を付けてしまう ヤバイ商品とは？

レザーのスニーカーを含む革靴の関税は高い！

　序章の1．に書いているが、一番初めに韓国で仕入れた商品は忘れもしない VANS オールドスクールのキャンバススニーカーだった。
　このスニーカーをヤフオク！に出品したら、なんと購入価格の2倍以上の価格で売れたのが、韓国仕入れにのめり込むきっかけになった訳だ。
　メルカリで商品検索していると、レザーのスニーカーがヒットすることがある。「おっ！いいモノ見っけ！」と小踊りして喜ぶ人も多いだろう。
　しかし、このレザーのスニーカーってヤツがなかなか厄介なブツだ。**靴は関税が高いのだ。**
　関税とは商品を外国から輸入したときにかかる税金のこと。関税には「免税措置」という1万円以下の商品が免税になるルールがあるのだが、革製品には1万円以下の商品が免税になる免

税措置が適用されない。

　靴は使われている素材によって関税率が変わり、
　　・革靴・ファー付きの靴　　➡ 30%もしくは
　　　　　　　　　　　　　　　　4,800円の高い方
　　・レザー、スエード生地などを
　　　一部でも使ったスニーカー　➡ 30%
　　・スニーカー、スポーツシューズ ➡ 8%
　　・キャンバスシューズ　　　　➡ 6.7%

　どんなに安い靴でも、最低4,800円と高い関税が課せられるということだ。さらに革靴には特別なルールがあり、革靴に課せられる関税は「通常の革製品と同じ30%」もしくは「1足4,800円」のどちらか高い方を納税すると決められている。つまり、関税が4,800円より安い場合でも、全て4,800円になるのだ。

　注意が必要なのは**レザー（スエードも含む革）を使っているスニーカーで、一部分でも革の素材が使われていると関税率が30%と高くなる。**

一部でも革の素材が使われていると関税率
30%となる

　スニーカーには、革やスエードが使われていることが多いので、韓国でスニーカーを購入する際は、素材を確認した上で関税額を計算しておく必要があるのだ。

　手荷物として持ち帰る場

合でも一緒だ。革を使ったスニーカーでも関税がかからない
ケースもあるのだが、たまたま税関職員が革ではないと判断し
ただけだ。全ての税関職員がスニーカーに精通している訳では
ないので、稀にこういうことが起きるだけで、関税はきちんと
収めるものだ。

　また個人利用目的と商売目的では課税価格が変わってくる。
個人利用の場合は「商品価格×0.6」の金額だが、商売目的の
場合は「商品価格」「輸送費」「保険代」の合計金額となる。メ
ルカリやヤフオク！で販売しようとしているのであれば商売目
的になる。

　関税に関して詳しく書くとまるまる本1冊ぐらいのボリュー
ムが必要なので、肝心なポイントだけ解説しているが、**販売用
として靴を仕入れて1足あたり4,800円も関税を支払うとな
ると利益を出すのが難しいといえるだろう。**
　韓国の靴屋、スポーツショップなどで4,800円以上の利益が
見込めるスニーカーを見つけるのはなかなか難しいはずだ。
　韓国にはレザースニーカー以外にも儲かる商品が沢山あるの
で、そんな商品を仕入れて上手に稼ごう！

第3章

損をしない
日本への輸入方法

① どうすれば利益が最大になるの？

機内預け荷物と機内持ち込みの重量を守り、ハンドキャリーで持ち帰る

　当然のことだが、自分で仕入れた商品を自分で日本に持ち帰れば、送料がかからないので利益が大きくなる。

　そのためハンドキャリーの手荷物扱いで、なるべく多く日本へ持ち込もうと考える人も多いはずだ。

　一般的な航空会社のエコノミークラスの場合、チェックインカウンターでの機内預け入れ荷物は約20kgまでで、機内持ち込み荷物は10kgまで無料となっている会社が多い。

　LCCの航空会社の場合、7kgまで無料でそれ以上は有料という航空会社もある。

　最近では石油が高騰しており、きっちりと機内持ち込み荷物の重量を計る航空会社が増えているようだ。

　オーバーチャージ（規定重量オーバー）すると結構、高い追加料金を取られる場合が多い。「体重50kgの人と100kgの人は、重さは倍でも同じ料金なのに……」と文句の一つでも言いたいところだが、空港のチェックインカウンターには計りがあるので、オーバーチャージにならないように荷物を仕分けしよう。

　100ml以上のスプレー缶や化粧品類は、機内に持ち込めないが、預け入れにすれば日本に持ち込める。これらを機内に持ち込もうとした場合、保安検査場での手荷物検査で没収され泣く

ことになる。

　韓国には日本では手に入らない商品が沢山あるので、自分用としてあれこれ買ってしまうことも多々あるだろう。自分自身、Hermes（エルメス）のベルト、GUCCI（グッチ）の名刺入れなどは韓国の正規店で購入した経験がある。
　個人的利用やお土産であれば、1点1万円以下の商品を除いて20万円まで免税の範囲内となる（香水、お酒、たばこなど特定品を除く）。
※オーデコロン、オードトワレは香水に含まれない。

　1点25万円の商品は25万円の全額について課税となる。1品目ごとの合計金額が1万円以下の商品は、原則として免税となり、1個1,000円のキーホルダー9個や1個4,500円のスマホケース2個は免税になる。
　革靴、ハンドバッグ、革製のカバンなどは1万円以下だったとしても「革製品」は免税にならないので注意が必要だ。

　化粧品は標準サイズで24個までと決まっており、許可を得ていない場合、25個を上回る分は没収されてしまうので気をつけよう。24個というのは、法律的に個人的な消費の範囲として、一般的に認知されている範囲のおおよその数なので、チェックした税関職員が24個まで個人利用として見なすかもしれないが、商売目的と見なされれば、1個からでも課税されるのだ。
　帰国時、空港の税関で手荷物を開けられた場合、「これらはお土産です！」と言い張っても税関職員の判断に任せることになり、課税とみなされた場合は、簡易税率15%を支払うこと

になる。（一部商品を除く）

　税関で課税されないようにこれらをしっかりと頭に入れておく必要がある。

 ## 超かんたん！　現地から発送して手ぶらで楽々帰国

郵便局に持ち込みでも、ホテルからでも荷物の発送ができる

　できるだけハンドキャリーで持ち帰り、持ち帰れない分があった場合、国際宅急便などで日本に送ることなる。

　韓国の街の小さな郵便局でも海外発送を受け付けているが、大きな郵便局のほうが、色々なパターンに慣れており、英語や日本語を多少理解してくれる郵便職員がいたりして何かと便利な場合が多い。

　ソウル中央郵便局や光化門郵便局は大きくて、外国人の海外発送に関しても手馴れている印象があるのでお勧めだ。

●明洞・南大門／中央郵便局　ソウル市中区忠武路2街21
●市庁・光化門／光化門郵便局　ソウル市鍾路区瑞麟洞154-1
●ソウル駅／ソウル駅前郵便局　ソウル特別市 中区 蓬莱洞2街 123

　ソウル市内の郵便局の営業時間は月〜金 9：00 〜 18：00で土日祝日は休みだ

　発送用の箱は自分で持ち込むのだが、箱が必要な場合には郵

便局で購入できる。梱包する際に使うガムテープ、はさみ、カッターなどが各郵便局に用意されているので便利だ。大きな郵便局内には有料で梱包をしてくれるサービスもある。

　郵便局から発送する場合、主に国際小包かEMS（国際スピード郵便）で送ることが多い。

　国際小包は大きさ長さ＋（高さ＋幅）×2＝3m以内で、一辺の長さが150㎝以内で重さ20kgまで送ることができ、日本までの所要日数の目安は航空便7〜15日、船便20日〜2ヵ月で任意で保険を付けることができる。

　EMSは書類が最大2kg、非書類は最大30kgまで送ることができ、国際郵便の中では最優先の取り扱いになるので、日本までの所要日数の目安は2〜4日（非書類の荷物は税関検査の対象になるため、1週間程度かかる場合もある）。早く確実に送り届けたい場合はEMSを利用することをお勧めする。

※所要日数は目安であり、郵政の状況や送った荷物の種類によって異なる。

EMS発送サービスをしているホテルもある

　国際小包・EMS共にインターネットで追跡調査ができる。
　EMS発送サービスをしているホテルもあるが、そういったサービスがない場合、重さ20kg以下で縦・横・高さの合計が150cm以内のものであれば、集荷サービスを利用することができる。

楽天カード　手荷物宅配サービス
https://www.rakuten-card.co.jp>service>baggage-delivery

集荷サービスは郵送料に含まれているので、集荷に来てもらっても別途の料金を支払う必要はない。電話かインターネットで集荷依頼をすれば、ホテルまで荷物を取りに来てくれるので、集荷サービスを利用するのも一つの方法だ。

■集荷依頼方法
・電話：1588-1300（韓国内のどこからでも　韓国語のみ）
・オペレーター受付：平日09:00〜18:00、土曜日09:00〜13:00、日曜祝日は休み
・インターネット：24時間受付　韓国語のみ
　韓国語に自信のない方は、集荷依頼の連絡をホテルのスタッフにお願いするといいだろう。EMS の料金は韓国郵便局の公式サイトで確認できる。

▼韓国郵便局の公式サイト
https://www.koreapost.go.kr/

　アメリカンエキスプレスカードや楽天カードなどは、手荷物宅配サービスがあり、手荷物を無料で配達してくれるので、空

港から手ぶらで帰れるため、筆者は毎回お世話になっている。

③ 船便派？　航空便派？　あなたはどっち？

送料を削減したいときは国際小包の船便だ！

　韓国国内の宅配便会社で、日本向けのサービスを取り扱っているところは少なく、料金も高いため、海外引越しや特殊な荷物以外は、郵便局を利用するのが一般的だ。

　郵便局から発送する場合、国際小包か EMS で送ることが多いのだが、少しでも送料を安く抑えたいという場合は、国際小包を利用することになる。韓国の郵便局から国際小包を発送する場合、船便と航空便から選択できる。

　日本までの所要日数の目安は航空便 7 ～ 15 日、船便 20 日〜 2 ヵ月で、任意で保険を付けることができる。

　航空便より船便のほうが、到着までの時間がかかるが送料は安い。**送料を限界まで削減したい時は、国際小包の船便を選択することになる。**国際小包の料金は、前述した韓国郵便局の公式サイトで確認できる。

　それぞれの宛名ラベルに記載されている、アルファベットから始まる 13 桁のお問い合わせ番号で、インターネットによる配達状況を確認できる（韓国語・英語）。受け取った荷物が壊れていた場合は日本で配達を担当した支店に問い合わせすることになる。

　基本的に荷物の取り扱いは荒いので、箱が開いてしまうこと

もあるため、中身が壊れないように梱包はこれでもかというくらいしっかりとするといい。

　日本でもおなじみのFedEx（フェデックス）やDHL（ディーエイチエル）などといった外資系宅配便会社はもちろん韓国にもあり、料金は高めだが、最速で翌日配送が可能なので、急ぎの荷物はこちらの会社を利用するといいだろう。

タックスリファンドは、やらないと絶対に損するぞ！

やれば必ず税金が返ってきます！

　韓国の免税制度は、次の3種類がある。
・Duty Free
・Tax Refund
・Immediate Tax Refund

■ Duty Free（デューティーフリー / 免税）
　デューティーフリーは、さまざまな税金が免除される事前免税制度だ。免税店では、関税、付加価値税、個別消費税、タバコ消費税、酒税を除外した価格で商品を購入できる。
　出国時の免税購入限度額は合計20万円以内と定められており、1個で20万円を超える品物は課税される。

■ Tax Refund（タックスリファンド / 事後免税）
　タックスリファンドは、付加価値税や個別消費税の還付を受け取れる事後免税制度だ。帰国前に還付申請手続きを行えば、

購入時に支払った消費税を還付してもらえるのだ。

「Tax Free」または「Tax Refund」のロゴが掲示してある事後免税店で購入した商品が対象になる。

■ Immediate Tax Refund（イミディエイトタックスリファンド／事後免税即時還付制度）

イミディエイトタックスリファンドは、商品購入時に税金を還付してもらえる制度だ。支払い時にパスポートを提示するだけで、消費税抜きの価格で商品が購入できる。

利用条件や対象の税はタックスリファンドと同様で、事後免税店の百貨店や大型スーパー、コンビニ、アパレルショップなどの一部の店舗が対象になる。

免税の条件は、1回の決済金額が30,000ウォン以上700,000ウォンで、滞在中の総購入金額が2,500,000ウォン以下の場合のみになる。
・韓国滞在6ヵ月未満の外国国籍の人
・韓国滞在3ヵ月以内の海外永住権を保持する韓国籍の人
・韓国滞在3ヵ月以内の海外に2年以上在住している韓国人

が、タックスリファンド利用の対象になる。
事後免税制度の利用条件は、
・1店舗につき15,000ウォン以上500,000ウォン未満の購入した場合
・購入日から3ヵ月以内
・購入品は未開封および未使用が原則
で、飲食店や移動の際の交通費、現地で消費する物は対象外になる。

タックスリファンド申請時は、
・購入品(未開封または未使用のみ)
・購入品のレシート(原本のみ)
・購入店が発行する付加税還付書類(リファンドチェック)
・パスポート
・クレジットカード
が、必要になる。

　免税になる金額以上の商品を購入した際、店員さんがレシートを一式セットにしてくれて、タックスリファンドの方法が印刷された封筒に入れてくれるので失くさないようにしよう。
　「事後免税制度」を利用して、還付（キャッシュバック）は空港と市内の自動払い戻し機KIOSK（キオスク）でもできる。しかし、空港には有人カウンターがあるので、買い物で受け取ったレシート一式を渡すだけで済む。自動払い戻し機KIOSKでやるより断然に楽だ。
　カウンターが営業時間外の時は、リファンドチェックにクレジットカード番号を記載して専用ポストに投函すれば、後日カードの引き落とし口座に還付される。
　文章にするとややこしく感じるかもしれないが「なんか面倒くさそうだなぁ〜」と思う方は、買い物して**店員に「タックスリファンド」**と告げれば一式セットにしてくれるので、それらを空港にあるタックスリファンド有人カウンターに持っていくだけなので簡単だ。

避けては通れない通関税について

メルカリ、ヤフオク！などで
販売する場合は小口輸入だ

　当然のことだが、海外から商品を購入した場合は虚偽の申告
をしてはならない。輸入する商品が個人使用するためか、営利
目的なのかによって減免措置が決められるからだ。

　海外から商品を輸入する場合は以下の３つの形式となる。

・**商業輸入**

・**小口輸入**

・**個人輸入**

商業輸入とは文字通り「営利目的で輸入する」ことだ。

　小口輸入とは「販売目的で商品を輸入する」ことだ。小口輸
入は個人的な使用目的ではなく、利益を得るために輸入するの
で販売が目的となり、減免措置を受けられない。メルカリ、ヤ
フオク！などで販売する場合は当然、営利目的だ。

　個人輸入とは「個人で使うための商品を輸入する」ことだ。
この個人輸入は特定の条件を満たせば減免措置を受けることが
できる。韓国で買った自分用のお土産などがこれに該当する。

　正しく申告をしていれば問題ないが、本来は営利目的なのに
減免措置を受けるために「個人輸入」だと申告するのは脱税行
為になる。もし、販売目的なのに個人輸入と申告した場合、後
から多額の税金を支払うことになるので、関税を支払っても利
益が出る商品を取り扱うのが大前提だ。利益を大きくしたいと
いう気持ちは分かるが、脱税は犯罪だ。

そもそも小口輸入（商業輸入も含む）と個人輸入では、輸入する目的が違う。

　たとえ輸入した商品が少量だったとしても、販売するつもりならそれは商業目的の輸入になるのだ。

　しかし、現時点では小口輸入と個人輸入は明確な線引があるわけではない。

　税関検査の際、「価格」「数量」「頻度」で決められるのだが、具体的には明記されていないのだ。

　課税価格の計算方法は個人輸入の場合「海外小売価格×60％」、販売目的に輸入の場合「海外小売価格＋運送費＋輸入保険料」で計算される。

　免税対象になる課税価格1万円以下は海外小売価格だと1万円÷0.6＝約16,666円になり、販売価格が16,666円までなら関税・消費税は免除されるのだ。

　小口輸入の場合、輸入消費税は、「（CIF価格＋関税額＋そのほか内国税額）×消費税率」で計算することになる。（100円未満は切捨て）

　CIF価格とはCost（価格）Insurance（保険料）Freight（運賃）の合算のことだ。

　課税価格が1万円超20万円以下の場合は簡易税率になり、韓国で仕入れて日本で販売し、利益が出そうな商品としてはプラスチック製品、ガラス製品、玩具などが該当し3％だ。

　このように「輸入目的」により販売目的の個人輸入と個人輸入では関税の計算方法、計算率、免除額なども違うのでしっかり把握しておかないと原価計算はできない。

「CIF価格だとか簡易税率だとかなんだかよく分からないよ」
という人は、際どい勝負は避けて、大きな利益が出る商品を取
り扱うことも稼ぐ秘訣だ。

第4章
今、一番勢いがある
メルカリで稼ごう

① メルカリの特徴と儲け方

今、一番熱いのがメルカリ

メルカリは簡単に商品の売買を行える、日本最大のフリマサービスだ。

出品はとても簡単で出品ボタンを押し、商品の写真をパシャっと撮って、タイトルと説明文を記入するだけだ。難しい手続きは一切ない。

パソコンを持っていない方や、インターネットでの売買の初心者には利用しやすいのだ。気軽なやりとりができる反面、個人情報に関する不安があるという方もいるだろう。

しかし、「メルカリ便」を使えば、出品者、購入者共にお互いの情報を開示せずに匿名で取引が可能なのだ。

ヤマト運輸が配送する「らくらくメルカリ便」はネコポス、宅急便コンパクト、宅急便、EAZY を利用でき、全国のヤマト運輸の営業所、ファミリーマート、セブンイレブンから発送ができるのでとても便利だ。

日本郵便が配送する「ゆうゆうメルカリ便」はゆうパケットプラス、ゆうパケットポスト、ゆうパケットポスト mini、ゆうパックを利用でき、全国の郵便

局、ローソン、郵便ポストから発送できる。

　※郵便ポストからの発送は、ゆうパケットポスト、ゆうパケットポスト mini のみ。

　「らくらくメルカリ便」、「ゆうゆうメルカリ便」共に配送サービスが充実しているので、売れた後もスムーズに配送できる。
　その他、日本郵便の定型外郵便、レターパック、佐川急便などを利用して商品を発送することも可能だ。
　メルカリに出品された約半分の商品が、24 時間以内に売れるといわれており、このスピード感がメルカリの魅力なのだ。

■ メルカリで稼ぐ 7 つの秘訣

（1）商品の特徴がぱっと見で分かる画像をアップする！

　出品画像 1 枚目のトップ画像は、全体感が分かる画像にすると売れやすい。
　バックの色を変えたり、角度に気を付けながら撮影しよう。

売るためにはトップ画像が重要です！

　2 枚目以降は詳細が分かる画像にするといい。

（2）キーワードを沢山ブチ込む！

　メルカリでは商品を探す時、キーワード検索ができる。タイトルと説明文に沢山のキーワードを入れることによって、キーワード検索に引っ掛かりやすくなり、出品商品を見てもらえる可能性が高くなるのだ。
　ただし、全く関係がないキーワードの羅列は規約違反になるので注意が必要だ。

（3）同じ商品の販売相場を把握する！

　過去に売れた価格を確認して、相場を把握するのが重要だ。絞り込み➡販売状況➡売り切れ、で検索すると売れた商品のみ検索できる。

　相場より高すぎると売れないし、安すぎると利益が減ることになる。相場が分ったら、絞り込み➡販売状況➡販売中、で検索し、送料なども含めて価格設定すること。

　メルカリでは、現在の価格で即購入ができるので、売れる価格に設定することが重要なのだ。

（4）送料込み（出品者負担）で出品する！

　送料は出品者が負担すると断然、売れやすくなる。着払い（購入者負担）にすると売れ行きが悪くなるので注意。

（5）値下げ交渉に対応する！

　メルカリでは値下げ交渉が可能だ。値段を下げてほしいという依頼があった場合、値下げすると売れやすくなる。値下げ交渉されることを考慮して、多少、値下げしても、利益が出る価格で出品するといい。

　極端な値下げ交渉は、きっぱり断ろう。

（6）発送までの日数を１〜２日にする！

```
1〜2日で発送
2〜3日で発送
4〜7日で発送
```

　発送までの日数が選択できるので、１〜２日で発送にすると、

他の設定よりも 40 時間以上早く売れるようになる。

（7）売れないときは再出品する！

　メルカリは、タイムライン式で新規に出品された商品が上位に表示されるシステムなので、出品を取り消して再出品することで商品が上位に表示されるようになる。

　出品をしたままだと、他の商品に埋もれてしまい見つけてもらえないので商品を見てもらうためにも再出品をするといい。

　この 7 つの秘訣を実践してバリバリ稼せごう！

❷ メルカリで儲かる商品を検索する方法

メルカリの絞り込み機能で検索すべし

　メルカリ自体が高度な検索ツールとして使えるので、メルカリで儲かる商品を検索するのだ。たとえば「韓国限定」商品を検索する場合、メルカリの検索窓に「韓国限定」と入力して検索。

　続いては絞り込みだ。

「新品、未使用」
「送料込み」
「売り切れ」

にチェックを入れ、
再度検索。

検索キーワードを入力する

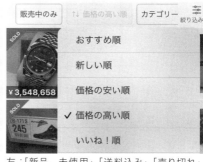

左：「新品、未使用」「送料込み」「売り切れ」
で絞り込む
右：「価格の高い順」にチェックを入れて高い
順に並べ替える

　次は高い順に並べ替える。高い順に検索したほうが利益の大
きい商品が見つけやすい。

　元々の価格が高いLOUIS　VUITTON（ルイ　ヴィトン）などのハイブランドは無視して、今でも韓国で買えそうな商品に着目して検索する。

古い商品はもう手に入らない可
能性が高いのでスルーしよう。

　「今でもお店で普通に定価で買えそう」という予想

で OK だ。

　販売から時間が経ち過ぎている商品は、もう販売されてない可能性が高いので、最近売れた商品を探すのがコツだ。通算で1〜2個しか売れてない商品より沢山売れている商品を探そう。
　「韓国」「NIKE」「キャップ」といったキーワード検索でも、基本的に検索方法は一緒だ。
　スマホ、パソコン共に検索方法は一緒だ。

メルカリでさらに稼ぐ マル秘テクニック

#タグ（ハッシュタグ）の効果的な使い方 その1

　ハッシュタグとは、「#」の後ろに商品名や商品の特徴をつけた、「#○○」というタグのことだ。
　元々はインターネットサービスにおいて、利用者が特定のトピックを検索し、一覧表示させるためのツールだが、メルカリでは独自の使い方ができるのだ。メルカリの説明文にあるハッシュタグをクリックすると、メルカリに出品されているそのハッシュタグのついた商品の一覧を見ることできる。
　ハッシュタグをつけることで、検索にひっかかりやすくなり、アクセスアップすることに加えて、商品特徴をよりわかりやすく伝えることができるようになる。
　サイズや色などの商品の特徴を、ハッシュタグから把握できるため、購入者が商品をイメージしやすいというメリットがある。

「＃」の後ろに関連キーワードを一つひとつ追加。

「＃」は半角で打ち込み、複数のキーワードを付ける場合は、「＃キーワード」の後ろにスペースを入れて、「＃キーワード」を足していく。

ハッシュタグが正常に機能している場合、「文字が青くなり下線部が引かれた状態」になり、リンクが張られるのだが、正常に機能していない場合は、文字が青に変わらず、下線部がないので、そのタグをタップしてもリンク先に飛ばないため、商品検索に繋がることはない。

※ハッシュタグのリンクはスマホから閲覧する場合に限る。

「＃」が全角だったり、キーワードの後ろにスペースを入れずに連続して「＃キーワード」を繋げても、タグに反映されないため注意が必要だ。

確実にハッシュタグを機能させるために、一つハッシュタグを入れたら二つ目以降は改行していくといいだろう。

たとえば、韓国限定のサンリオラバーズクラブのキルティング財布の場合、大きさ、コンディションなどは説明文に書いて、

#サンリオラバーズクラブ

#sanrio lovers club

#キルティング財布

#日本未発売

と関連キーワードをハッシュタグに追加することで、「サンリオラバーズクラブ」の「日本未発売」の「キルティング財布」が欲しい人の目にとまり、アクセスアップが期待できる。

検索されやすいキーワードを入れるのがポイントだ

その商品の購入を検討している人のアクセス数が<u>上がる</u>ことにより、商品が売れる可能性が高まるのだ。出品してもなかなか売れない時はハッシュタグを追加してやるとすぐに売れたりすることもある。

#サンリオラバーズクラブ
#sanrioloversclub
#キルティング財布
#日本未発売

ハッシュタグを複数入れる場合は改行するといい

アクセスアップしたいからといって出品した商品と関係のないキーワードのハッシュタグをつける行為は NG だ。

迷惑行為として、メルカリ事務局に通報されることがあり、最悪の場合ペナルティを科せられることもあるので注意しよう。

＃タグ（ハッシュタグ）の効果的な使い方 その2

応用で自分が出品している、
・ナイキの商品一覧
・サンリオの商品一覧
・トレカの商品一覧
にオリジナルのハッシュタグを付けることにより、自分が出

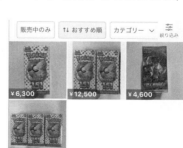

アンダーラインがある水色の個所をタップすると出品中の「レア韓国限定ポケカ」に飛ぶ

品している商品ごとに絞り込みでリンクを張ることができる。

　#レア韓国限定ポケカ

　という感じでハッシュタグを付ければ、出品しているレア韓国限定ポケカのハッシュタグが付いた商品一覧に飛ぶリンクが張られる。

　出品商品一覧を見てもらうことにより、まとめ買いに繋がるのだ。

　メルカリには、まとめ買い依頼の機能があるので、このオリジナルのハッシュタグを付けることにより売り上げアップが期待できる。

　ハッシュタグを制する者がメルカリを制すのだ！

 # メルカリを使って楽々稼ぐ方法

１枚目の画像にアピールポイントを入れる

　メルカリで早く、高く売る秘訣は、ずばりトップ画像だとこの章のトップで書いたが、アピールポイントを画像の中に文字入れすると、さらに売れやすくなる。スマホ、PCで見ても画像が綺麗に見えるように、正方形にトリミングして１枚目の画像の中に、

　　・商品名

　　・商品の特徴

　　・値引OK

　など、キャッチャーな文字を入れるのだ。たったこれだけの

出品商品一覧で表示した時はこのように表示される
左の画像は正方形にトリミングされて綺麗に表示されており文字と価格が
被ってなくて見やすいが右の画像は文字と価格が被って文字が読めない

画像加工をするだけで、グーンと喰い付きがよくなるのだ。

　このように**一覧で表示した時に、文字と金額が重ならず、画像が綺麗に見えるように文字を入れるのが、売れる画像に仕上げる秘訣**だ。
　出品してもなかなか売れないという時は、1枚目の画像だけ加工して再出品してみよう。いきなり売れるようになるはずだ。

フォロー割引を活用する

　「フォロー割引」は、出品者・購入者共にメリットがある。出品者のメリットとしては、
　・商品を買ってくれる確率が上がる
　・同時に複数買ってくれる確率が上がる
　・リピート購入される確率が上がる

などが挙げられえる。

　お知らせしないと「フォロー割」に気づいてもらわないので、プロフィール、説明文でお知らせしよう。

■お得な「フォロー割引」始めました。
　当アカウントをフォローしてもらうと、割引させて頂きます。ご購入前にコメント欄にて「フォローしました」とご報告ください。
　・2000円以下 → 100円オフ
　・2000〜4999円 → 200円オフ
　・5000円以上 → 500円オフ
【ご注意】
　ご購入後の変更はできかねます。必ず、ご購入前にコメントお願いします。

メルカリでは「自分でコメント」することができます。

【本日23時までの割引特典】
　フォローしてもらった方限定で「500円」割引させていただきます！
　※注意：23時までにご購入の方限定です。

　コメント欄にて「特典割引お願いします」とコメントしていただければ、値下げいたします。
　ラスト1点のため、お早めにご検討いただければ幸いです＾＾

このように自分でコメントし、期限を決めて「フォロー割引」

する方法もあります。早速フォロー割引を試そう。

本物ですか？　と聞かれない対策

　韓国の商品をメルカリで販売していると、
「正規品ですか？」
「本物ですか？」
　と質問されることがある。

　「本物に決まってんだろ」と返信したいところだが、こういった質問をされると、正真証明の本物の正規品を販売していても印象が悪くなるし、毎回、質問に回答したり、削除したりするのも大変だ。

左:購入した店舗の画像を掲載すると「本物ですか？」という質問がこない／右:購入した店のレシートの画像を掲載するのも効果的

　対策として、購入した店舗、レシートの画像を出品ページにアップすると、こういった質問が少なくなり、本物の証明にもなり一石二鳥だ。

一瞬で為替レート計算する方法

●為替レートを計算するツールを使おう!

　韓国仕入れといってもビジネスなので、しっかり日本円での原価を把握して、利益が出る商品を仕入れたいところだ。

　仕入れをしていると「今のレートで実際には日本円でいくらなんだろう?」と思うこともあるだろう。そんな時は「外貨通貨換算プラス」という無料アプリを使えば、一瞬で韓国ウォンから日本円に為替レートの計算ができる。

　使い方は簡単だ。為替レート計算したい通貨に韓国

「外貨通貨換算プラス」
を使えば日本円での金額
が一瞬で分かる

「Yahoo! ファイナンス」を使えばリアルタイムで日本円での金額が分かる

ウォンと日本円を選択し金額を入力するだけだ。

　このアプリは App Store または Google Play で「外貨通貨換算プラス」というキーワードで検索できるのでインストールするといいだろう。「外貨通貨換算プラス」は、インターネット接続がなくても使えるので便利だ。

　他にも為替レートを計算する無料アプリは沢山あるので、使ってみるのもいいだろう。

　リアルタイムでレートを計算したい時は「Yahoo! ファイナンス」を使うといい。こちらも一瞬で韓国ウォンから日本円に為替レート計算ができる。

▼ Yahoo! ファイナンス
https://finance.yahoo.co.jp/fx

　こちらも使い方は簡単で、為替レート計算したい通貨に韓国ウォンと日本円を選択し、金額を入力するだけだ。韓国ウォンと日本円以外の通貨の為替レート計算もできる。Yahoo! のサービスなので信頼感も抜群だ。

第5章
世界最大のネット
通販サイト Amazon

① Amazon の特徴と儲け方

CD、DVD、K-POP の
タレントグッズなどは Amazon で販売しよう

Amazon は、書籍からベビー＆マタニティ関係まで幅広いジャンルの商品を取り扱っているマーケットプレイスだ。

一度でも利用したことがある方はご存じだと思うが、ユーザビリティーが高い＝非常に使いやすいという特徴がある。

Amazon のサービスの一つである Amazon マーケットプレイスは、ユーザー同士で商品を売買できる市場で、個人の方でも商品を販売することができる。

Amazon で販売できる韓国の商品は CD、DVD、K-POP のタレントグッズなど、バーコードに 8 から始まる 13 桁の番号が振られた商品が主になる。

Amazon マーケットプレイスには、小口出品、大口出品の 2 タイプのアカウントがあり、本気でやるという方に断然お勧めなのが大口販売者としての登録だ。スタート時点では小口出品での登録でも構わないが、本気で稼ぎたいのであれば、大口販売者での登録をお勧めする。

大口出品は毎月4,900円の費用がかかるが、小口出品の場合1商品売れると100円かかるので、月に49個以上販売すればペイできる。

また小口出品は、ショッピングカートの取得（商品のトップページにショップが表示されること）ができないというデメリットがある。

韓国の商品をAmazonマーケットプレイスで販売できる商品はバーコードがある商品が主になる

大口出品のほうが小口出品より販売手数料、カテゴリー成約料が安いものがいくつもある。出品はめちゃ簡単だ。

自分が販売したい商品のバーコードの下の番号を、Amazonの検索窓に入力して検索ボタンを押し、画面右にある「マーケットプレイスに出品する」のボタンを押すと出品画面に変わるので、コンディションを決めて、説明文を書き、価格を決め、次の画面に進み、「今すぐ出品する」ボタンを押すだけで出品作業は完了だ。

拍子抜けするほど簡単で、数分後にはAmazonであなたの商品が販売されるので、未経験の方はきっと驚かれるだろう。実際には他にもいくつか出品方法はあるのだが、この方法が一

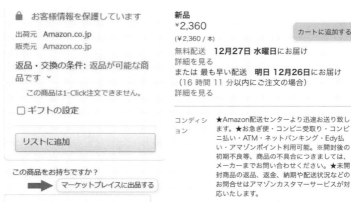

コンディションを決めて、説明文を書き、価格を決めるだけなので出品は簡単

番、簡単な出品方法だ。

　商品の正式名称を入力しても、韓国の CD 等はバリエーションが多数ある場合があり、間違って出品してしまう可能性があるので、一番初めはバーコードの下の番号を Amazon.co.jp の検索窓に入力して、商品を検索して出品する方法をお勧めする。

② Amazon ではいくらで売れるか検索する方法

高性能無料アプリ「Amacode」で検索すべし

　Amazon ではいくらで売れるか知りたい時は、高性能無料アプリ「Amacode」で検索するといい。App STORE または Google Play で「Amacode」というキーワードで検索できるのでインストールしよう。

NiziU 'Press Play'(韓国盤)（左）の販売価格や売れ行きを調べてみよう。右はAmacodeでの検索結果

　「Amacode」は商品のバーコードを読み取り、Amazon の価格や売れ行きなどを分析できるツールだ。商品の現在の販売価格や売れ行きを知りたい場合、「Amacode」を起動し、スマホのカメラでバーコードをスキャンすると詳細なデータが見られるのだ。

　　カート価格は 1,825 円で損益分岐点は 1,093 円
　　新品の最低価格は 1,820 円で損益分岐点は 1,089 円
　　新品の最低価格は 989 円で損益分岐点は 449 円

　ということが分かる。新品の場合、価格が 1,093 円以下なら仕入れの対象となり、それ以上なら却下だ。
　キーワード、ASIN コード、JAN コードを入力して検索も可能だ。「Amacode」は無料で使えるので、稼ぎたい人は使うべきツールだ。

③ Amazon でさらに稼ぐ マル秘テクニック

価格調整してライバルセラーに勝つ！

Amazon では同じ商品を複数のショップが販売している。しかし、トップページに表示されるショップは1ショップだけだ。

Amazon で買い物をする多くの人はトップページ右側の「カートに入れる」をクリックするため、トップページに表示されるショップの商品が購入されやすくなるのだ。

トップページにショップが表示されることを「カートボックスを取る」「カートを取る」という。

ショッピングカートの獲得のロジックは、正式に公開されていないことが多く、WEB 上にはさまざまな推測が飛び交っている状況だ。

もし、このロジックを Amazon が全て公開してしまったら、ショッピングカート獲得争いが熾烈を極め、市場価格がメチャメチャなことになってしまうだろう。

しかしながらプロセラーは口を揃えて**「ショッピングカートを制する者が Amazon マーケットプレイスを**

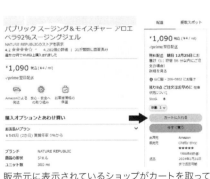

販売元に表示されているショップがカートを取っている

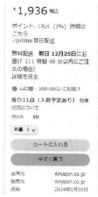

¥1,936 税込
ポイント: 19pt（1%）詳細は
こちら
✓prime翌日配送
無料配送 明日 12月25日にお
届け（11 時間 48 分以内にご注
文の場合）
詳細を見る
🟠 山口県 - 206-0902 にお届け
残り11点（入荷予定あり）在庫
状況について
Stock　10
数量：1 ∨
カートに入れる
今すぐ買う
出荷元　　　Amazon.co.jp
販売元　　　Amazon.co.jp
返品　　　　2024年1月31日

Amazon がカートを取っ
ている

制する！」と言っているので、これは
揺るぎようのない事実なのだ。

　Amazon では基本的に送料込みの安い順番にショップが並ぶので、送料込みの最安値にすると売れやすくなるのだ。
　左の画像のように Amazon がカートを取っている場合、ポイント、送料込みの金額が Amazon より安ければ売れやすくなる。

　　　　　Amazon が 1,936 円でカートを取っていて、ポイントが 19pt（1%）なので、
　1,936 円 − 19 円 = 1,917 円以下だと売れやすくなる。1,900 円にすれば Amazon より安いので、早く売れる可能性が高くなる。
　上の画像のように Amazon 以外のセラーがカートを取っている場合、ポイント、送料込みの金額が、このセラーより安ければ売れやすくなる。

　Amazon 以外のセラーが 1,949 円でカートを取っていて、ポイントは無しなので 1,949 円以下だと売れやすくなる。
　また、**最安値にするとカートが取りやすくなるので、さらに早く売れる可能性が高くなる。**
　最安値にしても他のセラーが価格を合わせてくる場合もある。その場合、**ポイントを付けるのも有効的だ。**
　たとえば、自分が最安値である 2,000 円で出品していて、ラ

Amazon 販売支援サービス「プライスター」
https://lp.pricetar.com/lp/pricetarlp/

イバルセラーも 2,000 円に価格を合わせてきた場合、ポイント 20pt（1%）つけるとポイント、送料込みの合計金額が 1,980 円なり、同じ価格でも最安値で表示されるのだ。

　価格改定はマメに行うべきだが、自動で価格改定をしてくれるツールも多数あるので、本格的に稼ぎたい人は使うといいだろう。

　Amazon 販売での仕入れリサーチ、出品・納品作業、自動価格変更一括でサポートするツール「プライスター」を勧めたい。

Amazon を使って楽々稼ぐ方法

FBA で販売すれば、
煩わしい作業もなく楽々稼げる！

　Amazon での販売の一番の利点は、一般の販売者も Amazon と同じページで商品を販売することができるので、Amazon の爆発的な集客力を利用して高回転で商品を販売することができることだ。

インターネット販売で最も重要なのが集客なのだ。たとえ、どんなに良い商品を扱っていたとしても、まずは販売ページをたくさんのお客様に見てもらわないことには何も始まらない。

　しかし、実は一番重要であるそういった集客方法が、インターネット販売の中で一番難しいのだ。検索にヒットしないということは世の中に存在しないのと一緒なのだ。

　Amazon はインターネット検索の際、上位表示させる SEO（Search Engine Optimization/ サーチ エンジン オプティマイゼーション）が非常に強い。

　SEO が強いということは「沢山の方に見てもらえる＝よく売れる」ということに直接、繋がるのだ。

　実際に Amazon マーケットプレイスと他のサイトで商品を併売してみると、その差を顕著に感じるだろう。

　韓国の CD、DVD、K-POP グッズなどは、メルカリ、ヤフオク！で販売するより Amazon マーケットプレイスに出品するほうが、高回転で商品が売れる。

インターネット販売でお金を稼ぎたいなら Amazon マーケットプレイスは重要な販路だ。

　この先、我々が死ぬまでのスパンで考えると、おそらく Amazon を揺るがすようなショッピングサイトは出てこないだろう。

出品作業はメルカリやヤフオク！に比べて楽なのに、さらに FBA（フルフィルメント by Amazon）を使えばもっと楽に売れるのだ。

　FBA とは自分が販売する商品を Amazon が運営する倉庫（Amazon フルフィルメントセンター）へ納品すれば、その後

FBA を使うとさらに楽に稼げる！

の受注管理、梱包、出荷業務、出荷後のカスタマーサービスを Amazon が全て代行してくれる物流サービスのことだ。

　　　　Amazon フルフィルメントセンターへ納品後の受注から発送、商品に不具合があった場合の対応などは、全て Amazon が代行してやってくれるので、出品者はそういった煩わしい作業をしなくもいいのだ。

　納品した商品の受領状況や在庫管理は、セラーセントラルという管理画面から確認や操作ができる。

　受注、出荷、配送は Amazon.co.jp が販売している商品と同じクオリティーなので、顧客満足度も必然的に高くなるのだ。

　手間がかからないだけではなく、FBA を利用すればショッピングカートを獲得できるというのも大きなメリットだ。

　FBA を使って楽々稼ごう！

K-POP オタク用語でアクセスアップ

K-POP のスラングを説明文に入れて、
コアなファンにアピール

　K-POP アイドルグループのファンの間ではスラング的な用語が色々と使われている。

　「ソウルでのコンサート」を「ソウルコン」

　「○○のファン」を「○○ペン」

　「ファンサイン会」を「ペンサ」

　「ファンミーティング」を「ペンミ」

　「箱推し」を「オルペン」

　と言ったりする。

　グループ名も短縮して呼ばれることが多い。

　「少女時代」は「ソシ」

　「BLACK PINK / ブラックピンク」は「ブルピン」

　「LE SSERAFIM / ルセラフィム、」は「ルセラ」

　「NCT 127 / エヌシーティー ワントゥーセブン」は「イリチル」

　「Stray Kids / ストレイキッズ」は「スキズ」

　「SEVENTEEN / セブンティーン」は「セブチ」

　「THE BOYZ / ザ ボーイズ」は「ドボ」

　「TOMORROW X TOGETHER / トゥモロー バイ トゥギャザー」は「トゥバ」、

　「BTS」は「バンタン」

　このような用語を出品商品の説明文に入れてあげると、アクセスアップが期待できる。

（例）
トゥバのソウルコンで購入した会場限定のアクリルアクリルスタンドです。

 # TOMORROW X TOGETHER
#トゥモロー・バイ・トゥギャザー
 # TXT
#アクスタ
#コンサートグッズ

　「ソウルコン」「ペンサ」「ペンミ」の会場でしか手に入らない限定グッズは、レア度が高く、高額で取引されているので、グッズ狙いで行くのもありだ。

第6章
ネット販売の王道
ヤフオク！で稼ぐ

① ヤフオク！の特徴と儲け方

「自動延長」と「即決価格」の設定で、高値で売る！

　ヤフオク！は Yahoo!JAPAN が運営している、日本最大級の老舗オークションサイトだ。

　ネットオークションといえば、ヤフオク！を思い浮かべる人が多いだろう。ヤフオク！は、市場にあまり出回っていないレア商品が手に入るので、長年利用しているユーザーが多い。出品者の本人確認システム、ヤフオク！ストア出店サービス、スマホ・タブレット対応アプリの開発、フリマ機能の強化など、日々、進化を続けている。

　オークション形式は商品の写真をアップして、タイトルと説明文を記入し、スタート価格、出品期間、終了時間、即決価格（任意）、自動延長（任意）などを設定して出品する。

　フリマでの出品はメルカリとほぼ一緒で、写真を撮影してタイトルと説明文を記入するだけという簡単さ。ヤフオク！で商品を探す時はキーワード検索ができる。

　タイトルと説明文に沢山のキーワードを入れることによって、キーワード検索に引っ掛かりやすくなり、出品商品を見てもらえる可能性が高くなるのだ。

　ただし、全く関係がないキーワードの羅列はガイドライン違反になるので気をつけよう。

　オークション形式で出品した場合、入札者の中で一番高い価

格で入札した人（最高額入札者）が落札できるシステムになっている。高値で売れる可能性があるオークション形式の出品では、出品者のメリットが大きい。

　フリマ（定額）で出品した場合、販売価格で入札を受け付け、入札と同時に落札される。出品した商品が落札されたときに落札システム利用料（プレミアム登録ありが 8.8%、プレミアム登録なしが 10%）がかかる。（プレミアム登録は月額制）落札単位で取引ごとの落札額、落札個数に対し計算される。

　オークション形式のヤフオク！の特徴は即決価格が設定できることだ。通常、オークション形式で出品した場合、スタートの価格から入札が増えるにつれて徐々に落札価格が上がっていくのだが、予め即決価格を設定しておけば、買い手がその金額での購入を了承し「今すぐ落札する」というボタンを押せば、オークション終了時間前であっても、その価格で落札ができてしまうオプションだ。

　このオプションを上手く利用して、販売相場の金額もしくはやや高値の即決価格を設定するのが高値で売る秘訣なのだ。

　オークション形式で出品した商品を高額で落札してもらうためには、オプションの「自動延長」は設定が必須になる。これを設定してないと、競り合いになったとしても終了時間が延長されないので大損し

現在 **11円** (税 0 円)

即決 **1,500円** (税 0 円)

送料 **無料**

1,500 円で入札すれば、即決価格で落札となる

1ページ中1ページ目を表示（入札合計：9件）

入札者の表示について

最高額入札者
hrt******** / 評価：453
9,250 円 / 1個 / 12月 24日 22時 10分

dai******** / 評価：9
9,000 円 / 1個 / 12月 24日 22時 19分

m18******** / 評価：266
8,500 円 / 1個 / 12月 24日 22時 13分

yutaka / 評価：25
7,750 円 / 1個 / 12月 24日 22時 02分

kou******** / 評価：3882
6,250 円 / 1個 / 12月 24日 21時 56分

なおき / 評価：23
5,000 円 / 1個 / 12月 23日 12時 15分

もの ハマちゃん / 評価：21
3,300 円 / 1個 / 12月 21日 9時 52分

b35******** / 評価：49
3,100 円 / 1個 / 12月 18日 15時 15分

「自動延長」が設定されているオークションは入札の嵐になることもある

てしまう。

「自動延長」が設定されているオークションは、オークション終了5分前から終了までに「現在の価格」を上回る金額で入札があった場合、終了時間が5分間延長される。

21:00 に終了するオークションで、終了3分前の 20:57 に他の方が現在の価格を上回る金額で入札して「現在の価格」が上がった場合、終了時間は自動的に5分間延長されて 21:02 になる。

その後も終了時間の5分前、21：00 ～ 22：02 の間に「現在の価格」が上がる新たな入札があると更に5分間延長となり、延長を繰り返し、最高額での入札がなくなるまで永遠と自動延長されるのだ。

出品した本人も驚く価格まで競り上がることがあるくらいだ。これらのオプションを利用してバリバリ稼ごう！

② ヤフオク！でいくらで売れるか検索する方法

「相場を調べる」で検索すべし

ヤフオク！でいくらで売れるか調べるときは、ヤフオク！で検索できる。ヤフオク！の検索窓に商品のキーワードを入れ「相場を調べる」で絞り込み検索するといい。

「韓国」「ダイソー」で検索してみよう。

ヤフオク！を開き、キーワードを入力する

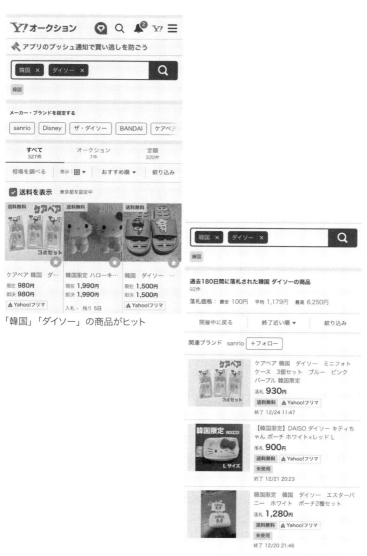

「韓国」「ダイソー」の商品がヒット

落札された商品の情報が見られる

次に「相場を調べる」のタブをタップすると、過去180日間に落札された「韓国」「ダイソー」というキーワードが入った商品の情報が見られるようになる。

入札件数の多い順や価格などでも
調べることできる

　もっと詳しく落札価格や入札履歴など、長期間に渡って調べたいときは、オークファンというサイトで、過去の取引データを見ることができる。

▼オークファン（国内オークション落札価格）
http://aucfan.com/

　日本国内のオークションの過去10年間の落札価格や、入札件数を閲覧することができるので、主に出品価格を決めたり、

即決価格を決めるときに使うと便利だ。仕入れる商品をリサーチするときも、オークファンの落札履歴から探すのが基本だ。

ヤフオク！を使って楽々稼ぐ方法

ヤフオク！ならではの稼ぎ方がある！

オークション形式での出品は、商品に最もマッチした出品期間を選ぶのが大きく売り上げを伸ばす鉄則であり、秘訣だ。

ヤフオク！では最短12時間、最大7日間までの期間を選択できる。最長の出品期間である7日に設定して出品したほうが、露出時間が長く、検索にヒットする確立が高くなり、その結果、高額に競り上がるのでは？と思っている方も多いようだ。

しかし、ヤフオク！の場合、出品期間が長いほうがいいとは言えないのだ。オークション終了まで数日間もある商品より、もうすぐ終了する商品のほうが俄然、注目されるからだ。

実際には終了間際に入札が一気に増える傾向があり、どうしても今すぐ欲しいという気持ちから、少し高くても即決価格で落札されることもある。

残り時間が長いと、既に他の出品者の商品を落札しているというケースも多くなる。

どうしても欲しいという熱い気持ちを持った入札者達は当然、他の出品者の商品もチェックしているので、あなたの出品商品ではなく、他の出品者の商品を落札してしまったら、その時点で入札合戦から撤退するはずだ。

そういう脱落者が増えると大きな競上がりが期待できなくなるということだ。これが終了までの期間を長く設定したときのデメリットなのだ。

　在庫が多数ある商品に関しては、最短の日数で終了するように設定し、自動再出品の回数を最大の3回にすると必然的にオークション終了の回数、すなわちクロージングの回数が増えるので必然的に売れる可能性が上がるのだ。

　スタート価格は平均的な落札価格にして、即決価格は少し高めの 1.2 倍〜 1.5 倍ほどに設定し、どうしても欲しい気持ちから少しくらい高くても即決価格で落札して自分の物にしたいという人を狙う戦略だ。

　1週間後にオークションが終了する商品の場合、オークション終了の回数は当然、1回だが、2日後にオークションが終了するように設定し、自動再出品の回数を最大の3回にすれば、オークション終了の回数は6日間で3回となる。
　先ほど、終了間際は入札が増える傾向があると説明したが、1週間後にオークションが終了する設定で出品した場合と比べるとチャンスが3倍以上に増えるということなのだ。

　こうしてクロージングの回数を上げることにより、落札率、落札額を上げることができる。落札されたら再出品して、ガンガン回して稼ぐのが秘訣だ。

　在庫が1点しかない商品を確実に高額で落札されるためには、在宅率が高い土日の夜 22 時前後に、自分のオークション

が終了する設定にすると、高額で落札されやすくなる。

　しかし、例外もある。大型連休、お盆休み、正月休みなどはヤフオク！での買い物より、海外旅行やレジャーを楽しむ人が多いので、予想外にアクセス数が伸びずに高額落札にならない場合も多い。なので、この期間に出品するのは避けるといいだろう。

④ ヤフオク！でさらに稼ぐ マル秘テクニック

超レアものは、オークション形式の 1円スタートで高く売る！

　限定品や入手の難しいものは必然的に需要が高まるので、入札の競り合いが激しくなり高値になりやすい。
　レアものでファンの間で高額で取引されている商品を売る場合、オークション形式の1円スタートで出品すると、思わぬ価格で落札されることもある。
　「自動延長」ありで、一般的な給料日である25日から月末の土日に終了日を設定し、給料が出るから思い切って買っちまえ！　という人を狙うのだ。
　夜中や早朝はほとんどの人が寝ているため、入札数が上がらないので22時～23時を終了するようにする。

　ヤフオク！では、過去に落札された価格が見られるので、「即決価格」はその商品の落札相場の1.2～1.5倍ほどの価格に設定しておくと、即決価格での落札も期待できる。

1円スタートした商品は、価格の安い順で検索をかけると、上位に表示され見られやすくなり、入札されやすくなるメリットがある。

　入札数が増えてくると、入札者が競り合っていくので高値が付きやすい。

　入札者は自分が入札した商品は、どうしても落札したいという気持ちになり、他の人がさらに上の金額で入札してきたら、それに対抗してさらに上の金額で入札し、その繰り返しでどんどん価格が上がるのが、1円スタートのオークション形式での出品のメリットだ。

　1円スタートは最低価格からのスタートなので、入札が入りやすく短時間で値段が上がりやすいのだが、
「本当に1円で落札されたら意味ないじゃん」
「仕入れ値10,000円なのに、1,000円で落札されたら大損だ！」
　と思われる方も多いだろう。

　10,000円で仕入れた商品を25,000円で販売したいのであれば、最低落札金額を25,000円に設定しておけば、思いもよらぬ低価格で落札されることはない。

　あまり入札が増えない場合、有料オプションの「注目のオークション」を使うとい

「注目のオークション」を使うと目立つところに出品商品が表示される

い。

　「注目のオークション」を使うと検索結果の上位として出品商品が表示されるようになり、その結果、アクセスが増えるのだ。

　注目のオークションの利用料は、1日22円（税込）からで、金額は1円単位で設定が可能。増額する場合は10円以上の金額で1円単位から設定が可能で、金額が高いほど上位表示されやすくなる。

　「注目のオークション」の表示順位（金額順）を見れば、いくらに設定すべき金額なのか目安がわかるはずだ。

　利用料は、設定した日からオークション終了日までの日数分が請求される。

■ヤフオク！1円スタートで高く売る秘訣
　・終了日：25日から月末の土日
　・終了時間：22時〜23時
　・自動再延長あり
　・即決価格：落札相場の1.2〜1.5倍ほどの価格に設定
　・最低落札金額を設定
　・注目のオークションを使いアクセスを集める

　超レアものは、この方法でガツンと稼ごう！

第7章
韓国での
トラブル体験記

① まさか！ スーツケースが 出てこない！

ロストバゲージの手続きをして ホテルに向かうしかない

　「絶対に稼ぐ！」という、不屈の魂でソウルに何度も通い詰めて、挑戦しまくり、トライ＆エラーを繰り返し、徐々に成功といえる結果が出せるようになった。

　行けば何かしら儲かる商品を見つけ出せるスキルを身につけたので、かなりのペースでソウルに通うようになっていた。

　成田から仁川国際空港に到着し、飛行機の便名を確認し、ベルトコンベアから自分の荷物が出てくるのを待つ。

　次々とベルトコンベアの上にスーツケースなどの荷物が出てくるのだが、自分の荷物が一向に出てこない。

　こういうシチュエーションは、誰もが体験することではないだろう。

まさか！スーツケースは出てこない！

　「いつも俺のスーツケースが出てくるのが遅いんだよな〜」

　と思いながらじっと待つ。

　しかし、待てど暮らせどスーツケースは出て

こない。まさか？　と思いつつ、だんだん不安になってくる。

　普通は荷物が出てくるのが少し遅かったけど、無事に荷物を手にすることができたというのが荷物預け入れあるあるなのだが、何とベルトコンベアが止まってしまった。

　そのまさかが起きてしまったのだ。ロストバゲージだ。俺のスーツケースが紛失している。

　こういう場合は、申請すれば海外旅行保険が適応されるのだが、初日からパソコンも着替えも全部ないのだ。

「マジかよ〜　参ったな〜」

と思いながら、ロストバゲージのカウンターへ。

　ここで荷物紛失の手続をしないと、荷物が見つからない場合、海外旅行保険が適用されないので、必死に説明しなくてはならない。

　何枚かの書類にサインしたり、スーツケースのメーカー、色や形などの特徴と今回泊まるホテルの住所と電話番号を記載して、ようやく荷物紛失の手続が完了し、涙の手ぶらで仁川国際空港を後にしてホテルへ向かうことに。

　空港鉄道 A’ REX でソウル駅まで行き、地下鉄 4 号線に乗り換え、明洞のホテルに到着したが、スーツケースがないので必要な物が何一つない。

　幸い、財布は肌身離さず持っていたので、着替えを買いに夜の明洞の街に出てみたものの、夜の 10 時を過ぎており、既にどこの店も閉っていた。

　屋台くらいしか着替えを買える所はなかったので、行ってみ

明洞の屋台はパチモノの嵐で無法地帯と化しています

たのだが、ロクな服がない。仕方なく比較的マシに見えたＴシャツを着替え用に買ってホテルに戻った。

翌日、スーツケースはホテルに届いたのだが、色々な意味で予定が大きく狂ってしまい、ロストだ。

ある航空会社の調査では、荷物が完全に失われてしまう確率は 0.05％未満とのこと。自分では防ぎようのないことだが、海外ではこんなこともあったりするのだ。無論、このＴシャツに袖を通すことは 2 度となかった。

フライトでのトラブル対処方法

慣れからくる余裕の大きな落とし穴

韓国には月に 2 回行くこともあり、年間ではかなりの回数で渡韓していることになる。それだけ儲かるということだ。

エアチケットの手配は自分でやっているのだが、どうしてもフライト時間の確認が雑になるものだ。そういう時に大きな落とし穴があるのだ。

いい感じに仕入れを終え、あとは日本に帰るだけという状況だった。空港リムジンバスに乗り、のんびりと仁川国際空港に向かった。

　「さて、空港で何をしようかなぁ〜、免税店を覗き、空港のスカイハブラウンジでタダ酒でもいただいて、時間を潰そうかな？」なんて呑気に考えていた。

　仁川国際空港の第一ターミナルで空港リムジンバスを降りて、チェックインカウンターに向かう。

　エコノミーのチェックインの列にしばらく並んで、ようやく自分の番がきた。

　「成田まで」と言ってパスポートとマイレージカードをチェックインカウンターの女性係員に渡す。

　しかし、なんだか様子がおかしい。なかなかエアチケットが発券されない。パソコンのキーボードをカタカタ叩いて何度もモニターを見ている。

　しばらくすると係員の手が止まり「お客様のフライトは0時50分で10時間前に出発している」と言うじゃないですか！！

　もう顔面蒼白。ああ〜　やっちまったなぁ〜

　昼の12時と深夜の0時、すなわち午前と午後を勘違いしていたのだ。

　当然、エアチケットは無効で捨てたことになってしまった。完全に自分の確認ミスなのだが、どうにかして日本に帰らなくてはいけないので、空席を探してもらったところ、約40キロ離れた金浦国際空港からのフライトなら羽田空港行きの空席があるという。

　仁川国際空港から金浦国際空港まで40分かかるが仕方ない。

ラウンジのタダ酒でヤケ酒だ！

しかもフライトまで6時間もある。

　帰国後は予定が詰まっているので、渋々そのエアチケットを買うことに。金浦から羽田までのチケットの値段を聞くと、衝撃の値段でさらに顔面蒼白。

　普段は3〜4万円の格安チケットとマイレージで韓国に行っているのだが、当日に空港のカウンターで定価購入するのだから当然高い。

　クレジットカードで決済してエアチケットを手に、一番安い空港鉄道A' REXでで金浦国際空港に向かう。

　「韓国で仕入れた商品の見込み利益の半分は飛んでしまったなぁ〜」と激しく自己嫌悪しながらチェックイン。

　出国審査後は、スカイハブラウンジでタダのヤケ酒だ。しかし、金浦国際空港のスカイハブラウンジは、仁川国際空港のような華やかさがなく、益々ショボくれた気分になったのは言うまでもない。

　大切なお金と大切な時間を失わないように、フライト時間には気をつけよう。

③ スリ、ひったくりは事前に対応！

まさにプロの妙技だ

　夜の明洞は、まるで祭りのようにごったがえしていて、普通に歩道を歩いていて、他人と体がぶつかってしまうこともよくある密集度だ。

　そんな状況なので、財布をスラれないように注意して歩いていると突然、前から歩いてきた人にぶつかり、その人が持っていた酒の瓶が落ちて割れてしまった。「チンチャ〜」（マジかよ〜）と嘆きの声を漏らす。

　そういう状況になると、ほとんどの日本人は自分に非がなくても「すいません、大丈夫ですか？」と言ってしまう人が多いようだ。

　こればかりは、日本人の国民性なので仕方がないことなのだが、そんな感じで謝ったりしていると「OK! OK! ケンチャナヨ」（大丈夫）とか言いながら軽く肩を叩いたりしてくる。

　意識はすっかり自分の財布から酒の瓶に移っていて、「OK! OK! ケンチャナヨ」と言いながらボディタッチも入ったりするので、多少、体に触れられてもおかしいとも思わなくなる。

　特に相手が複数人だと意識が分散しやすく、注意力を失いやすく、そうこうしているうちにスリの仲間にいつの間にか財布をスラれるのだ。

最近では、酒の瓶がiPadとかiPhoneというケースが多くなっているようだ。元々、画面が割れているiPadなのだが、歩行中にぶつかって、落とした時に画面が割れてしまったと思わせる手口である。

　当然、高額なiPadが壊れてしまったので謝りながら、あたふたしていると先ほどの要領で見事に財布をスラれるのだ。

　これは数あるスリの手口の一つだが、気を付けていてもやられてしまうのだ。この間、ほんの数十秒の出来事で気が付くと財布がないのだ。プロの妙技だ。

　スリに遭ってしまった場合、まずは現地の警察署に被害届を出す。被害届を出さないと保険や保証が効かないからだ。

　それと同時に、日本のクレジットカード会社に電話して、使用できないように手続きをしたり、海外旅行保険の海外サポートデスクに電話して指示を仰いだりしたりと、かなり骨が折れる作業が待っている。

　盗まれたお金は100%帰ってこないが、クレジットカードまで不正利用されたらたまらないので、カード会社などへの処理は急ぐ必要がある。またその対策上、連絡先のメモはスマホなどに記録しておくことだ。

　全財産をスラれたことで精神的にもかなり凹んでしまう。夜の盛り場に行く場合、**必要最低限のお金だけ持って、充分に注意して行動するということをしっかり頭に叩き込み、慎重な行動を取らなくてはいけない。**スリに遭うと、仕入れも遊びもできなくなっちゃうからね。

　と、いってもスリ軍団は流石にプロなので1枚も2枚も上手という印象だ。しかも手口は日々進化しているから、なかなか太刀打ちできないというのが本音なので、人が密集したエリア

に行くのはなるべく避けよう。

 ホテルでのトラブル対処方法

古い建物のトイレは要注意

　筆者は、2002年から韓国仕入れを始めたのだが、当時は宿泊費を浮かすために、古い安いホテルに泊まることが多かった。部屋のトイレにはゴミ箱が設置されていたがトイレットペーパーをドイレに流していた。

　そして悪夢は起こる。流しても、流してもトイレの水が流れない。もうすぐ溢れてオーバーフローしそうな勢いだ。

　これ以上流すとヤバイ。ホテルのスタッフを呼ぶことも考えたが詰まっている場所が場所だけに恥ずかしくてやめた。トイレならホテルのロビーにもあるし、もう夜の時間も遅かったので野となれ山となれと思いながら床についた。

　朝になってトイレを見てみるとすっかり水は引いていた。水で詰まっていたトイレットペーパーが溶けたのだろうか？

　「地獄絵にならなくてよかった」とほっと胸を撫で下ろした。

　韓国では少し前までトイレにトイレットペーパーを流すと詰まると言われていたが、最近は下水管などのインフラが整い、徐々に改善されてきているようだ。しかし、今でも流れる水の水圧が低く、古い下水管のままのところは細く詰まりやすいという理由で、トイレットペーパーが流せないところがある。トイレ内にゴミ箱が設置されている場合は注意が必要だ。

建物が古い飲食店やホテルなどは、トイレットペーパーが流せないところが結構あるので、地獄絵にならないように気をつけよう。

このような張り紙があるトイレは安心だ。

❺ 病気・ケガをしてしまった時は？

体調が悪いときは
ホテルのスタッフに相談してみよう

渡韓中に体調を崩し、頭痛薬、鎮痛剤、下痢止めなど市販の薬でどうにかなりそうな症状の場合、韓国の薬局で薬を購入するといいだろう。

日本語が通じる薬局は多くないので、ホテルのスタッフに頼み、症状をメモしてもらえば薬を購入できる。病院で受診が必要な場合も、ホテルのスタッフに相談してみよう。

緊急の場合も、近くの病院の紹介や救急車の手配をお願いしましょう。ソウル市内のホテルには、日本語を話せるスタッフがいる場合が多いので、外国人専用電話相談タサンコールセンター「120(局番なし)」か、メディカルコリア支援センター「1577-7129」に連絡する手もある。

共に3者間通訳を通して症状を伝えたり、病院や救急車の手

配をしてくれる。万が一の時に備えて、海外旅行保険に入っておくといいだろう。3日間870円からなんていう保険もある。

　クレジットカード付帯の海外旅行保険もあるので、補償内容がどうなっているか確認しておくといいだろう。

　調子が悪いときは無理をしないことだ。仕入れとなると絶対に稼ぐと意気込んで、過密なスケジュールにしがちだが、体力が落ちると、免疫力も落ちてしまい体調を崩しやすくなるので、休憩を挟みながら仕入れをするといいだろう。

モテるために、
プチ整形しちゃいました♪

韓国の美容整形は激安だ！

　「美容大国」と呼ばれる韓国では、女性の5人に1人が整形手術を受けているという美容整形国際学会のデータがある。それほど整形に関してはオープンな国である。

　近年、韓国で美容整形をする日本人も増えているようだ。何を隠そう、筆者も韓国で美容整形した1人で、ボトックスという皺取りやったことがあるのだ。ボトックスの効き目は3〜6ヵ月なので、何度もやっている。費用は日本円で約5,000円。日本での施術と比べると半分以下だった。

　韓国の美容整形は、技術力が高いクリニックでも安価なことが多いことから人気がある。ソウルの江南（カンナム）には「美容整形通り」と呼ばれる通りがあり、約800軒の美容クリニックがあるといわれている。

　また、クリニックが増えると、技術や価格面での競争も起きるので、日本とほぼ同じレベルの技術でありながら、価格の安いクリニックが多い。アフターケアの対応

を含めて、複数のクリニックを比較・検討するとよいだろう。

　完全に自己責任になるが、韓国での仕入れのついでに、綺麗になるというのも一石二鳥でありだと思う。

日本人向けのチラシをもらい、また美容整形をやるかどうか悩む筆者

第8章
ソウルの激うま
韓国料理ベスト5

ドラム缶・立ち食い焼肉

明洞でナンバーワンの焼肉屋

　「ヨンナムソ食堂」（ヨンナムソシッタン）は骨付き牛カルビをドラム缶の上で焼いて食べる焼肉屋だ。地元民から長い間、愛されてきた新村店は再開発工事のため残念ながら閉店したが、2022年の秋、新たに明洞店がオープンした。

ドラム缶の上で、炭火で焼いて食べる牛カルビは最高！　そのまま食べても充分に美味しいが、2種類の特製ダレにつければ味変が楽しめる

　メニューは骨付き牛カルビ（ピョガ タルリン ヤンニョム ソカルビ）とお酒のみ。それだけ肉の味に自信がある証拠だ。
　秘伝の特製タレに4時間ほど漬け込まれ、ぶ厚くカットされ、成熟された骨付きカルビは、肉の旨味が凝縮され、甘い味わいと柔ら

かい食感がたまらない。噛めば噛むほど口の中に肉の甘みがじゅわぁ〜と広がり、思わず酒が進む。

他の焼き肉店と異なり、付け合わせのおかずは青唐辛子以外ないが、ライス、キムチ、海苔などは持ち込み可能。

おしぼり、コップ、ドリンク類は自分で取るセルフ式。

店内は古いドラム缶が置かれ、昔の韓国にタイムスリップしたような気分になる。

今まで、数えきれないくらいの人々をこの店に連れて行っているが、この味が忘れられなくなるようだ。明洞で焼肉を食べるならここしかないと言い切れる。死ぬ前に一度は食べるべき焼肉の名店だ。

★ヨンナムソ食堂(明洞)

ソウル特別市 中区 乙支路2街 199-61

営業時間：11：00〜22：00(ラストオーダー21：30)

※完売次第閉店

休業日：年中無休

アクセス：地下鉄2号線乙支路入口駅 6番出口 徒歩2分

地下鉄4号線明洞駅 6番出口 徒歩7分

② タッカンマリ

KING OF ジャンボ鶏鍋

　「タッカンマリ」は「タッ」(鶏)、「ハンマリ」(一羽) ＝「鶏一羽」という意味でその名の通り、鶏一羽を丸ごと煮込む鍋料理だ。

　韓国語の発音は「タッカンマリ」になる。スタミナがつき体に良い「補身」(ポシン) として食べられている。

　体の芯から温まるので寒い季節にはぴったりだ。じっくりと

ソウルに来たら絶対に食べたいタッカンマリ

煮込んだスープの鶏は、コラーゲンやビタミンが豊富でヘルシーなので、女性にも大人気。（食べると綺麗になるかどうかは不明）

鶏の他にネギ、ジャガイモなどが入っており、お好みでキムチを入れたりもする。見た目は日本の鶏の水炊きに似ているが、ニンニクがきいていて韓国らしい味だ。

ハサミでぶった切った鶏を、醤油、お酢、マスタード、コチュジャン、薬味（唐辛子、ニンニク、ネギなどを合わせたもの）を混ぜた付けダレにつけて食べる。

東大門のタッカンマリ横丁

最後のシメには「麺」（クッスサリ）または「カルグクス」（韓国式ウドン）を入れると、最後の最後まで余すことなく鶏のスープを堪能できる。

「トッ」（韓国餅）や白飯を入れても美味しい。

鶏肉の骨を捨てるためのツボや器があるので、そちらに骨を入れるのが韓国スタイル。スープはおかわり無料なので、汁気がなくなってきたら注ぎ足してもらおう。

韓国料理は辛いというイメージが強いと思うが、タッカンマリは辛くなく、鶏の出汁が良く出た深〜い味わいは日本人の口にとても合う。

タッカンマリは1970年代に、東大門市場周辺の食堂から始まったといわれており、10軒ほどのタッカンマリのお店が並ぶ「タッカンマリ横丁」がある。

タッカンマリ横丁の中で、お勧めは「陳玉華（チン・オックァ）ハルメ元祖タッカンマリ」だ。

この店にも数えきれないくらいの人たちを連れてきたが、100％気に入り、必ずまた来たいというほど美味しい店だ。ソウルに来たら絶対に食べないといけないタッカンマリの名店だ。

★陳玉華ハルメ元祖タッカンマリ
ソウル特別市 鐘路区 鐘路5街 265-22
営業時間：10：30〜翌1：00(ラストオーダー23：30)
休業日：旧正月・秋夕(チュソク)の当日
アクセス：地下鉄4号線東大門駅 9番出口 徒歩5分
地下鉄1号線鐘路5街（チョンノオーガ）駅 5番出口 徒歩5分

③ タッカルビ

KING OF タッカルビ

「タッカルビ」は「タッ」（鶏）と「カルビ」（ばら骨）という意味。日本の女性を虜にした韓国ドラマ『冬のソナタ』で有名になった春川地方の郷土料理だ。韓国語の発音は「タッカルビ」または「ダッカルビ」になる。

甘辛い味噌「コチュジャン」で味付けした鶏肉とキャベツ、玉ねぎ、にんじんなどの野菜を、鉄板や大きい鍋で炒めたものだ。

「タッカルビ」にチーズをトッピングすると、日本で大人気の「チーズタッカルビ」になる。チーズを加えることで、辛さがマイルドになり、ご飯やお酒がよく進む。

注文すると、店員さんがテーブルの目の前で調理してくれるので、写真を撮ってSNSにアップすればバエるぞ！見た目は真っ赤ですが、深い甘味もあり、意外と辛くなく酒が進む。

ユガネタッカルビ」

安いのでちょい飲み屋としても使える「ユガネタッ
カルビ」

私が推す「ユガネタッカルビ」は、1981年に釜山で生まれた店で、今では超有名チェーン店だ。

ソウル市内にも多数あり、明洞だけでも数店舗ある。骨付きの鶏肉が入っているタッカルビ店も多いが「ユガネタッカルビ」の鶏肉は骨なしを使っているので食べやすい。キムチ、たくあん、水キムチ、ピクルス、キャベツのサラダは、セルフ式で食べ放題。

なんといっても「ユガネタッカルビ」は安さが魅力だ。一人分から注文でき、お酒も安いので、ちょい飲み屋として利用されている。

もちろんこの店にも、たくさんの人を連れて行っていますが、みんな気に入ってしまう最高の味だ。絶対に食べてもらいたいタッカルの名店だ。チャーハンや冷麺などもある。

★ユガネ 明洞1号店
ソウル特別市 中区 明洞2街 3-1
営業時間：9：00〜24：00(ラストオーダー23：00)
休業日：年中無休

④ カムジャタン

KING OF じゃがいも鍋

「カムジャ」（ジャガイモ）「タン」（スープ）という意味だが、豚の背骨肉、ジャガイモ、えのき、すいとん、白菜、ネギ、ニラ、タミョン（韓国春雨）、エゴマなどと唐辛子、ニンニク、コチュジャンなどを一緒に煮込んだ料理だ。

豚の背骨肉は、箸で持ちにくいほどの大きさなので、手で骨を切り離しながら、カラシだれにつけて食べる。骨を捨てるためのツボや器があるので、そちらに骨を入れるのが韓国スタイルだ。

肉はもちろん、何十種類の材料を使って作ったスープは非常に味わい深く、スープから香るエゴマの香ばしさは食欲をそそる。そのスープが染み込んだタミョンはプルプルでモチモチとした食感がたまらない。

エゴマの香ばしさが食欲をそそるカムジャタン

スープはおかわり無料なので、汁気がなくなってきたら店員さんに注ぎ足してもらおう。

身体が温まるので、お酒と一緒に食べられることも多く、シメご飯を入れてポックムパッ（チャーハン）にするのが、韓国ローカルの定番だ。ご飯は少し汁気を含んでおり、チャーハンと雑炊の間のような感じが堪らないのだ。

また、カムジャタンは二日酔いにも良いとされていて、韓国の強い焼酎を飲み過ぎても、次の日の二日酔いにもいいなら毎日飲んでいられますね。

私が推す「ウォンダンカムジャタン明洞2号店」は、明洞駅近くの繁華街にあり、24時間営業＆年中無休なので便利なお店だ。ちなみに明洞1号店はない。

この店のカムジャタンの味も、皆さん忘れられなくなるようだ。明洞に行くなら必ず食べてもらいたいカムジャタンの名店だ。

★ウォンダンカムジャタン　明洞2号店

ソウル特別市 中区 忠武路1街 25-33

営業時間：24時間

休業日：年中無休

アクセス：地下鉄4号線明洞駅 6番出口 徒歩3分

地下鉄2号線乙支路入口駅 6番出口 徒歩7分

⑤ 参鶏湯（サムゲタン）

KING OF 薬膳料理

「参鶏湯（サムゲタン）」は「サム」（高麗人参）「ゲ」（鶏）タン（湯・スープ）という意味で、丸ごとの鶏に、もち米や、高麗人参、ナツメ、松の実、鹿茸（ロウジョウ）、黄花黄耆（キバナオウギ）などの、漢方をつめ込んで煮込む薬膳料理だ。

季節によっては、ぎんなんや栗を入れることもある。体によい食材がふんだんに使われているので「補身」（ポシン）として食べられる。

日本で土用の丑の日は鰻を食べるが、韓国では毎年7〜8月の間に「伏日」（ポンナル）と呼ばれる、暑気払いの日が3回あり、参鶏湯を食べることが多い。参鶏湯を食べる前に食前酒として高麗人参酒が出される。

高麗人参酒は、そのまま飲むのはもちろん

食前酒として出される高麗人参酒も堪らない

土俗村

だが、お好みでスープに加えても味に深みが出る。

　参鶏湯は、一人前用の石鍋で出されるので、初めにスープを飲んで味を調整して食べる。調味料は塩とこしょうのみで薄味なので、お好みで塩やこしょうなどを加えると、更に美味しくなる。

　鶏肉はほぐしてから、長時間煮込んだ鶏肉の旨みが凝縮されたスープにつけて食べる。高麗人参やもち米も鶏肉と同じようにスープに浸しながら食べ、キムチやコチュジャンなども加えて、自分の好みの味にさせながら食べる。

　食材の旨みを堪能できるのが、サムゲタンの魅力だ。

　この参鶏湯の味が忘れられなくなる人も多く、帰国しても食べたくなるようだ。

　死ぬまでに一度は食べてもらいたい名店だ。

★土俗村

ソウル特別市 鐘路区 体府洞 85-1

営業時間：10：00〜22：00(ラストオーダー21：00)

休業日：年中無休

アクセス：地下鉄3号線景福宮(キョンボックン)駅 2番
　　出口 徒歩7分

⑥ 番外編　韓国ビアバー

フライドチキンをつまみに、
ひたすらビールを飲むのが韓国スタイル

韓国人の友達（チング）と飲むとなると「チメク」が多い。「チキンを食べながらビールを飲む」ことを「チメク」という。

これは「チキン」（鶏肉）と「メクチュ」（ビール）を組み合わせたもので、韓国の若者の間では日常的に使われている。

韓国の街に沢山あるチキン＆ビールの店

韓国には「チメク」を楽しめる店が数多くあり、韓国人のソウルフードとも言える。

基本的にメニューは、ビールとフライドチキンのみだ。日本みたいに冷や奴などのサッパリ系の食べ物なんて一切ない。まるで左右の拳だけでどちらが強いか決着をつけるボクシングのようなストイックさだ。

フライドチキンをつまみに、ひたすらビールを飲むのが韓国流だ。韓国に行ったら必ず食べるタッカンマリもタッカルビも、メインの具材は鶏肉だ。韓国人はなんて鶏肉が好きな国民性なのだろうか？

左：笑っているがたくさん飲まされて酔っ払っております
右：3杯飲むと1杯タダということは最低でも4杯は飲めということか？

　アメリカ人も、ビールをガバガバ飲みながらフライドチキンをよく食べるので、韓国人はかなりアメリカナイズされていると言っても過言ではない。

　韓国人の体格も、アメリカナイズされているようで、男も女も日本人の1.1倍〜1.2倍あるような体格の人が多い。（筆者比）身体が大きければ胃袋もデカいのでビールもガンガン飲む。

　「山口さんももう1杯イクでしょ？」なんていう感じで、どんどん注文するので、韓国人と一緒のペースで飲んでいると、いつの間にか、かなり飲まされてしまい、気付くと酔っ払っている。

　それはそれで楽しい思い出になるのだが、韓国人は男も女も本当によく飲む。とかなんとか書いているが、また韓国で「チメク」するのを心待ちにしているのであった。

おわりに

2020年1月、韓国仕入れの指導から受講生と共に帰国して、スマホの電源を入れると「日本人のコロナウイルス感染が出た」というニュースが流れてきた。

その時は「SARS や MERS のようにすぐに収束するんじゃないの？」くらいにしか思っていなかったのだが、その後、不要不急な外出を控えることを要請され、三密を避けるため、大人数での会食が事実上禁止になるなど非常事態宣言が発令された。

コロナウイルス蔓延防止の政策として、一般の方は海外に行けなくなった。

それから3年の歳月が流れて、コロナウイルスはインフルエンザと同じ5類に引き下げられ、ようやく海外旅行に行けるようなった。そして、満を持してこの本を書いたって訳だ。

この本は私の20年以上に渡る韓国仕入れの実践事例であり、技術や小手先論ではなく普遍的な方法である。

自転車の乗り方を教わった人は、しばらく乗ってなくても乗れるのと一緒で、この方法を知っていればいつでも稼げるはずだ。その全てをあなたに伝えられることを、私は心から嬉しく思っている。皆さんが韓国仕入れを楽しんで、有意義な時間を過ごし、そして、儲かることを祈ってやまない。

私が大好きな THE CLASH の『STAY FREE』という曲の中に"Go easy Step lightly"という一節がある。まさにこんな気分で気楽に韓国に行って、儲かる商品の仕入れと、旨いご飯を

満喫してほしいと思う。

　そして、この本をお読みいただいた皆さんと、笑顔で語り合う日がやってくることを楽しみにしている。

　2024 年 1 月、仁川国際空港第一ターミナルのスカイハブラウンジにて。

　　　　　　　　　　　　　　　　　　　　　山口裕一郎

●著者紹介

山口 裕一郎（やまぐち ゆういちろう）

1970年　東京都目黒区出身。低資金から始める雪だるま式輸入物販ビジネス専門家。

肉体労働で生活費を稼ぎながらミュージシャンを目指し、いつの日かメジャーデビューする日を夢見ていたが、30歳で体を壊し、全くの未経験からインターネットビジネスの世界へ飛び込む。ネットビジネスが儲かると聞き、あれもこれも手を付けて、なかなか大きな稼ぎに至らない日々の中、少しずつ利益が出始めたのが、ヤフオク！Amazonだった。当時、仕入れは国内のみで頭打ちを感じており、2002年日韓ワールドカップの年を契機に韓国仕入れを開始。最初はなかなか結果が出ず歯がゆい思いをしていたが、意地になって渡韓を繰り返しているなかで儲かる商品を掴むようになる。以後20年以上にわたり韓国仕入れを続けている。近年は、仕入方法を直接指導してほしいという要望が多く、現地で直接指導するソウル仕入れツアーを100回以上開催。その経験から誰にでもできる韓国ソウル仕入れの成功法則をあますことなく伝授しており、Amazon、メルカリ、ヤフオク！を使う、山口式ネット物販で脱サラした門下生は100名以上。

著書に『これ1冊で全部わかる！資金1万円で起業して成功する方法』（セルバ出版）、『読破』（みらいパブリッシング）などがある。地上波テレビ・ラジオ出演多数、雑誌日経新聞MJ、週刊プレイボーイ、月刊レタスクラブ、月刊サイゾー、リサイクル通信など掲載多数。

メールマガジンではリアルな情報を配信中
▼ネット物販で稼ぐ秘義48手
https://devotion-ex.com/rg/6988/153

韓国旅行で宝物さがし！
メルカリ！ 韓国限定商品 転売の手引き
2024年4月6日　第1刷発行

著　者	山口裕一郎
発行人	伊藤邦子
発行所	笑がお書房
	〒168-0082 東京都杉並区久我山 3-27-7-101
	TEL03-5941-3126
	https://egao-shobo.amebaownd.com/
発売所	株式会社メディアパル（共同出版者・流通責任者）
	〒162-8710 東京都新宿区東五軒町 6-24
	TEL03-5261-1171

編　集	伊藤英俊
写　真	山口裕一郎
イラスト	アベナオミ
地　図	森 聖子
デザイン	市川事務所
印刷・製本	シナノ書籍印刷株式会社

■お問合せについて
本書の内容について電話でのお問合せには応じられません。予めご了承ください。
ご質問などございましたら、往復はがきか切手を貼付した返信用封筒を同封のうえ、
発行所までお送りくださいますようお願いいたします。